海滨自然笔记

在海边发现季节的更迭

〔英〕赛莉亚·刘易斯 著

杨红珍 译

商务印书馆
The Commercial Press
创于1897

2017年·北京

Celia Lewis

An Illustrated Coastal Year
the seashore uncovered season by season

Bloomsbury Publishing Plc, 2015

此书经安德鲁·纳伯格联合国际有限公司代理，由布鲁姆斯伯里出版公司授权。

注意安全、保护环境，去海边游玩，请下载和阅读《海滨守则》。

献给

亨丽埃塔、莫莉和艾玛

有了爱心和耐心，一切皆有可能！

——池田大作

目 录

前 言

大海，一旦在你面前展示出了它的魅力，就会让你永远为它痴狂。

——雅克·伊夫斯·库斯托

在海边散步总会遇到一些新奇的东西，那不妨四处寻找一下，看看自己到底能发现什么。海水会把好多新奇玩意儿冲到岸上，有些东西甚至来自遥远的地方。稍稍留意一下，你会发现17,800公里的海岸线是许多动植物赖以生息的家园，而且它们只在这里生存，其他地方是找不到的。

据说大不列颠群岛上每个人生活的地方距海边都不超过110公里，我们所在的海岸不同于一般风景区，其类型多变，有河口、碎石滩、盐沼地和沙丘，还有岩石海岸、崎岖峭壁、沙沟和繁忙热闹的工业港口。

类型多样、蜿蜒曲折的国家海岸线有好多地方可供人们旅游观赏，所以从孩童时期开始，我们大多数人心中都有一份对海滨的美好记忆。长大之后我们旧地重游，再回到海边追寻年轻时候的记忆，你会惊讶地发现，那些制约某些生物蓬勃生长的小环境，比如潮间带水坑、沼泽或者沙丘，在我们周围的海岸是不存在的。

对沿岸现有的各种动植物的生境了解越多，可能对它们关注的也会越多一点。本书的目的就是要激发读者随时到海边探索的兴趣。当然也希望有读者可以成为业余自然学家，无论你是什么人，无论你有多大年龄。不管你用什么理由，请你来到我们国家广袤的海岸线吧，采集贝壳，捡拾流木，采摘可食植物，或者仅仅只是游玩和欣赏这里的不可思议的生物多样性。

红脚鹬，还是青脚鹬？

红脚鹬   青脚鹬

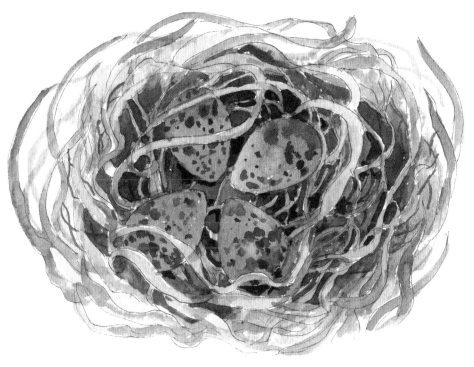

红脚鹬的巢

红脚鹬（*Tringa totanus*）体长28厘米，双翅伸展可达62厘米。身体颜色灰褐色，背部颜色较深，尾部白色，双腿橙红色。它们在河口地区越冬，用喙在泥地上啄食昆虫和蚯蚓，当遇到惊扰时，会发出嘈杂的叫声，而且当危险来临，总是第一时间飞走。所以，它们有时被称为湿地哨兵。雌性红脚鹬每窝产4枚卵，孵化期24天。

青脚鹬（*Tringa nebularia*）体形比红脚鹬稍大，体长32厘米，翅展69厘米。头部、翕羽（译注:鸟类背部和翅膀外表面的覆羽）和翅羽灰褐色，尾部白色，腿部呈橄榄绿色。它们喜欢在水边和河口地区活动，但是在沙质河岸很少出现。青脚鹬的食物包括昆虫幼虫、蜗牛和鱼类。它们的叫声悦耳，像笛子演奏。雌鸟每窝产卵3—4枚，孵化大约需要25—27天。

春

魟和鳐

魟和鳐很难区分。根据英国鲨鱼信托组织规定，一般把长有长吻的种类统称为鳐，而吻部较短的称为魟。但是背棘鳐虽然英文名字是Thornback Ray（译注：Ray是"魟鱼"），但是它却属于鳐类，下面列举的另外两个种类——蒙鳐（Spotted Ray）和短尾鳐（Undulate Ray）也属于这种情况。繁殖方式是区分鳐和魟最好的手段：所有真正的鳐鱼都是卵生，卵外面有明显的卵鞘，称作美人鱼钱包（见第7页）；而所有魟鱼都是体内孵化直接产出仔鱼，而且魟鱼身体颜色都能够大幅度地发生变化。

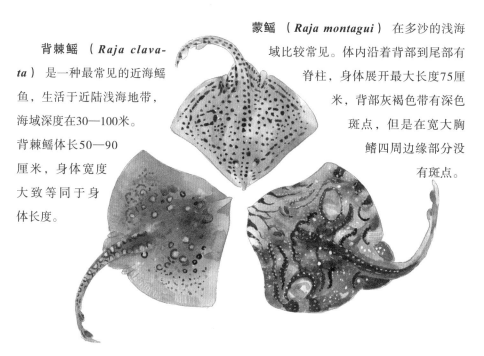

蒙鳐（*Raja montagui*） 在多沙的浅海域比较常见。体内沿着背部到尾部有脊柱，身体展开最大长度75厘米，背部灰褐色带有深色斑点，但是在宽大胸鳍四周边缘部分没有斑点。

背棘鳐（*Raja clavata*） 是一种最常见的近海鳐鱼，生活于近陆浅海地带，海域深度在30—100米。背棘鳐体长50—90厘米，身体宽度大致等同于身体长度。

短尾鳐（*Raja undulata*） 生活在近陆浅海区的沙质海床地带。体长可达85厘米，背部灰褐色，带有深色线条，线条边缘有成排的白色圆点。

美人鱼钱包

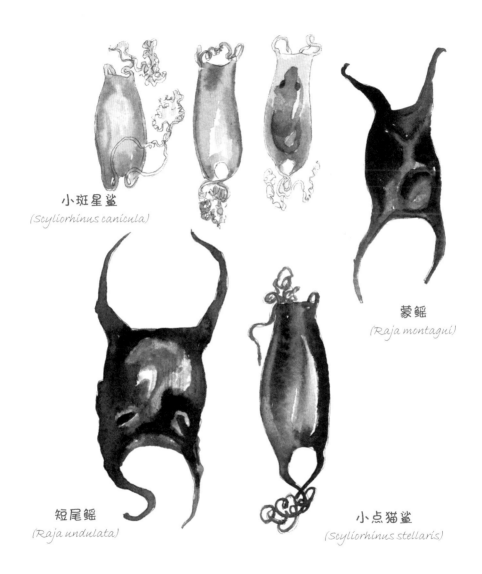

小斑星鲨
(Scyliorhinus canicula)

蒙鳐
(Raja montagui)

短尾鳐
(Raja undulata)

小点猫鲨
(Scyliorhinus stellaris)

　　图中的"美人鱼钱包"是鳐、魟和猫鲨的卵鞘。每一个卵鞘里包含一个胚胎，孵化期需要几个月的时间。幼鱼孵化完成后，留下的空卵鞘被冲到海岸上，就是我们见到的美人鱼钱包。

春

喜欢沿海生长的十字花科植物

海滨两节荠

- 学名：*Crambe maritime*
- 生长在砾石滩上。
- 可食用，味道鲜美。
- 蒸煮5—10分钟即可。
- 生长季节不同，可食部位也不一样：早春是幼苗；五六月份是花（和西兰花类似）；8月以前叶子都可以食用。

海甜菜

- 学名：*Beta vulgaris maritime*
- 生长在海滩涨潮线地带。
- 可食用，和菠菜相似。
- 蒸煮5分钟即可。
- 最佳食用期是新生幼苗到花期之前。

群心菜

- 学名：*Cardaria draba*
- 生长在贫瘠土壤上。
- 株高达80厘米。
- 花期5—7月。

葱芥

- 学名：*Alliaria petiolata*
- 叶子水煮或者生吃都可以。
- 揉捻有大蒜的味道。
- 花期4—5月。

甘蓝（野甘蓝）

- 学名：*Brassica oleracea*
- 生长在悬崖峭壁上。
- 可食用。
- 幼嫩叶子蒸煮5分钟即可。

翘鼻麻鸭，还是欧绒鸭？

翘鼻麻鸭（*Tadorna tadorna*）体形硕大，羽色艳丽。生活在沙质和淤泥质海岸，或者河口地带。数量很少的家族式群居生活，采食无脊椎动物、小型贝类和海螺。主要出现在沿海地区，但是内陆水域也时有发现，比如水库等。

翘鼻麻鸭

欧绒鸭 （*Somateria mollissima*） 体形硕大，身材笨重。它们生活在没有悬崖峭壁的沙质或者岩石海岸附近的海水里，喜欢种内群居。食物包括贝类，尤其喜食贻贝。欧绒鸭分布在沿海地区，主要出现在不列颠群岛北部。

欧绒鸭

春

美食——烤鱼配炸丸子和柠檬酱沙拉

非常感谢内森奥特洛餐饮有限公司的内森·奥特洛先生，由于他的允许，我才有幸把这个菜谱展示给大家。内森先生说："土豆丸子和柠檬酱给这道烤鱼菜提高了档次。"

制作量：4 人份
4 条小的去骨比目鱼片，去鳍、尾和头，洗净
500 克新鲜乌蛤
110 毫升水
300 克盐角草
200 克蚕豆，热水焯一下，晾凉，去荚
1 汤匙香芹末

油炸大蒜香芹丸子用料：
2 汤匙橄榄油
盐和胡椒粉适量
300 克烤过的土豆，蒸软后晾凉，用榨汁机或者擦子制成土豆泥
1 头大蒜，整头烘烤，烤软的蒜瓣去皮后用擦子擦成蒜末
1.5 汤匙磨碎的帕玛森奶酪
1 个蛋黄
75 克意大利"00"面粉或者高筋面粉
2 茶匙柠檬油
3 汤匙香芹末

柠檬酱用料：
1 个蛋黄
1 个柠檬果，用果肉挤柠檬汁、用果皮压榨柠檬油
200 毫升优质浅色橄榄油
50 毫升全脂稠奶油
110 毫升鱼汤

烤箱预热。
比目鱼片放在一个烤盘里，涂抹上调料。然后把烤盘放进烤箱，烘烤大约10分钟，

或者烤到鱼肉从鱼骨上轻易就能剥下来为止。

同时打开灶具，放上带盖的平底锅，锅变热后，放入鸟蛤，加上水，用锅盖盖住，煮一分钟。然后把水倒掉，把没开口的鸟蛤剔除掉，等晾凉到不烫手了之后，把鸟蛤肉从壳里剜出来。

油炸大蒜香芹丸子：

用一个大平底锅装满水，点火加热。把土豆、蒜、帕玛森奶酪和蛋黄全部倒进一个碗里，加1茶匙橄榄油和少许盐搅拌均匀（注意不要过分搅拌）。然后加入面粉、柠檬油（译注：由柠檬皮压榨滤去碎渣而得）和香芹，搅拌成面团，放在一个干净面板上醒一会儿，把醒好的面揪成小块，揉成小圆球，然后一起放进烧开的水里煮，全部漂浮起来之后捞进冷水冷却，然后捞出放到一块干净的纱布上晾干。

取一个不粘锅加热。余下的油倒进锅里，面团放到油里煎炸，面团全部变成金黄色，捞出放到滤油纸上滤出多余的油。

调制柠檬酱：

把蛋黄、柠檬汁和柠檬皮放到碗里，搅拌均匀。把橄榄油以细流状慢慢匀速浇在上面，一边倒油一边搅拌，调和成稠浆。

把奶油搅拌到稠浆里面，并且倒入适量鱼汤，将稠浆稀释成酱汁（鱼汤应该还有剩余）。把酱汁倒进平底锅里，小火稍稍热一下。

平底锅中倒入水，撒点盐，煮开。上桌之前，把盐角草放进盐水锅里煮2分钟。

煮熟的鸟蛤、盐角草、蚕豆和香芹放入柠檬酱里，放到小火上稍稍加热一下。烤好的鱼放到餐盘里，在鱼旁边摆上油炸丸子，然后用漏勺从柠檬酱里捞出鸟蛤、盐角草和蚕豆，也摆放在鱼旁边。一切就绪，然后就可以上桌了。

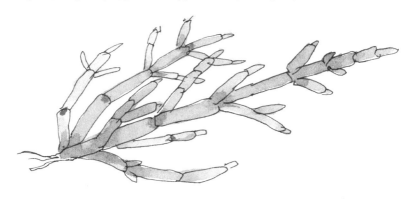

大型海生软体动物

外表上完全不同于其他软体动物，章鱼、鱿鱼和乌贼（还有鹦鹉螺，它只出现在印度—太平洋地区）都属于头足类动物，属于古老物种，身体颜色改变得比变色龙还迅速，也能够变换身体形状和结构，受到惊吓通过喷射墨汁制造烟幕或者假象来逃脱危险。

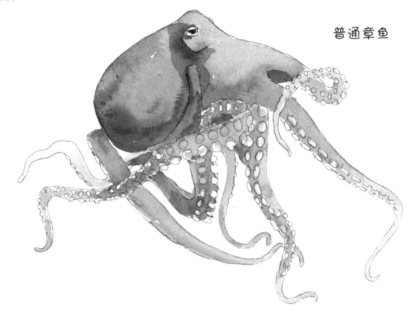

普通章鱼

章鱼是世界上最聪明的无脊椎动物。饲养在水族馆里的章鱼曾被发现能够执行一些比较复杂的任务，比如可以拧开瓶盖得到里面的食物。

普通章鱼（*Octopus vulgaris*）胴长（译注：胴长指头足类动物身体除了头部、腕、鳍以外部分的长度）20—30厘米，腕足伸开长度大约1米。主要分布在英国的西部和南部，生活在50米以下的岩质海底。长有8条腕足，每条腕足上有两排吸盘；这些吸盘是用来"品尝"所接触到物体的味道的。章鱼皮肤颜色会根据环境颜色而相应改变，移动方式可以"爬行"或者慢慢游动，也可以由体内向外排水产生"喷射推力"而急速向前蹿行。捕食甲壳动物和贝类，用强有力的腕足把猎物撕开，它们还可以分泌毒素来溶解猎物肌肉。

普通乌贼 （*Sepia officinalis*） 体长50厘米以上，体重达3.5公斤。普通乌贼在英国周围海域都有分布，但是主要集中在南部海域。身体扁平，头部宽阔，头部两侧各有一只眼睛，瞳孔"W"形。有8条腕足，上面有许多吸盘；最长的两条触腕在不使用的时候会一直蜷缩在头部一侧像口袋一样的皮囊中。普通乌贼能改变身体颜色，使自己隐藏于周围环境里。生活海域深度达250米。

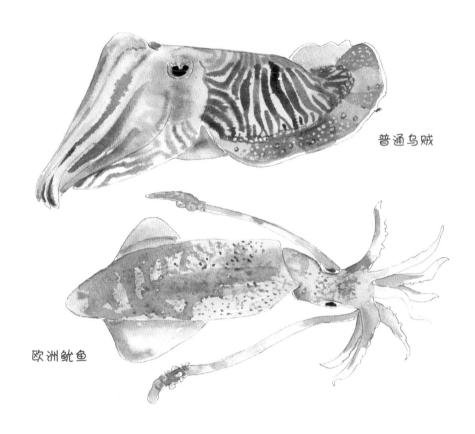

普通乌贼

欧洲鱿鱼

欧洲鱿鱼 （*Loligo vulgaris*） 胴长50厘米以上，遍布欧洲所有海域。口部周围有8条腕足，两条较长的触腕末端有吸盘，用来抓捕猎物。夏天它们生活在海面到深度达几百米之间的水域，但是到了冬天它们喜欢下潜到500—1,000米的深水区。

春

15

近海水域的硬骨鱼

突长臀鳕 (Trisopterus luscus)

牙鳕 (Merlangius merlangus)

绿青鳕 (Pollachius virens)

黑椎鲷 (Spondyliosoma cantharus)

红体绿鳍鱼 (Aspitrigla cuculus)

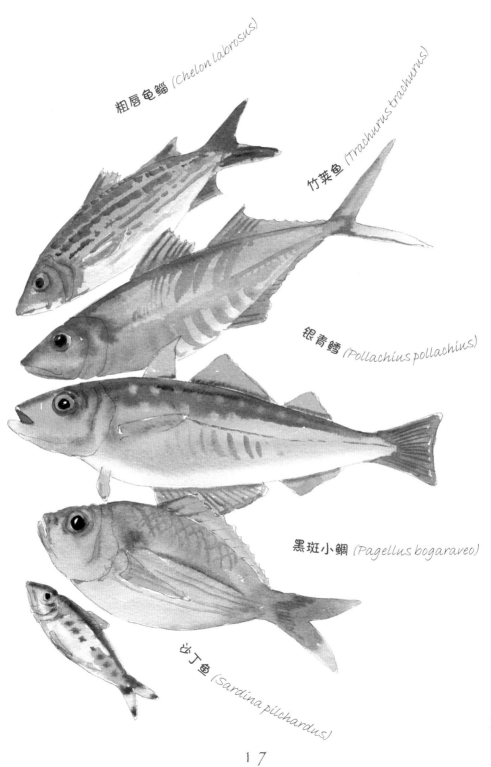

粗唇龟鲻 (Chelon labrosus)

竹荚鱼 (Trachurus trachurus)

银青鳕 (Pollachius pollachius)

黑斑小鲷 (Pagellus bogaraveo)

沙丁鱼 (Sardina pilchardus)

春

17

手工——贝壳勺子

这项手工非常简单，但是很有意思。做好之后，可以用来取盐和其他一些较轻的调料。这种贝壳勺子可能不太结实——只是为了新奇好玩而已！

需要的材料：
贝壳
曲别针和/或易弯曲的铁丝
带有小钻头的电钻
小手钳

在每一块贝壳顶端，用电钻小心地钻出一到两个圆孔——因为贝壳非常脆，不可避免会有钻裂的。
然后用手钳把铁丝从圆孔里穿过来，再把铁丝弯成勺把的形状。你制作的每一把勺子都是独一无二的。

潮汐和月亮

去海边旅游，尤其是想到海里，比如去潮间带的岩石池里探寻去捕捞贻贝，都要了解一些潮汐的活动规律。即使仅仅想在沙滩上搭建城堡，如果正是涨潮时候，那么，沙子有可能全被海水淹没了。有一点需要牢牢记住：当涨潮开始的时候去游泳或者划船是最安全的。

你需要一份当地的潮汐表，通过它你会发现，一天之内海水有两个涨潮点和两个落潮点，每次涨潮和落潮平均间隔仅仅相差6个多小时，所以每天涨潮点和落潮点出现的时间略有不同（逐日延后50分钟）。

月球和太阳引力控制着潮汐变化。当太阳、地球和月亮处于一条线上，也就是在新月和满月的时候，引力达到最大，形成"朔望潮"，这时海水上涨得特别高，下落得特别低。而在新月和满月之间，尤其是处于上弦月或者下弦月的时候，情况则正好相反。

在海边千万要留心海水涨潮（潮汐表在网上都能查到）。英国周边海岸潮流非常剧烈，涨潮速度非常快。在一些涨潮幅度明显的地区，看起来毫无危险的低洼地会突然暴涨为汪洋，成为不可逾越的屏障。有些地方一旦涨潮你跑都来不及。退潮以后，海滩就成了游玩的乐园，但是在尽情玩耍之前，一定要弄清楚低潮时段，而且要认真选择一条能安全回到岸上的路线。

春

红海藻

扇叶美叶藻
(Callophyllis laciniata)

海索面
(Nemalion helminthoides)

皱波角叉菜
(Chondrus crispus)

碎布红藻
(Dilsea carnosa)

羽状内卷藻
(Osmundea pinnatifida)

大西洋红海藻
(Delesseria sanguinea)

橡叶藻
(Phycodrys rubens)

珊瑚藻
(Corallina officinalis)

掌形藻
(Palmaria palmata)

春

21

蛎鹬

蛎鹬 (*Haematopus ostralegus*) 是海滨地区一种标志鸟，非常容易辨认：漂亮的黑白条纹，叫声洪亮刺耳；橙红色的喙和粉色的腿也是一个明显特征。

蛎鹬曾经一度被称作水手烤肉饼。

蛎鹬是一种涉水鸟，虽然名字含有"蛎"，但是它们并不捕食牡蛎，而是非常喜欢蛤和蚌类。强有力的喙在贝壳上不断敲击，以把贝壳打开或者设法把贝壳啄破。除了软体动物，它们也猎食甲壳动物、蠕虫和昆虫。

　　蛎鹬在靠近海岸布满碎石的沙地上筑巢，偶尔也会选择在内陆荒地和农田上筑巢，而在英国周围海岸都能发现它们的巢穴。每窝产卵2—3枚，雌雄鸟轮流孵化，孵化期24—27天。幼鸟属于早成雏，破壳出来就能奔跑。

　　幼鸟由父母双方喂养，通常固定食物是蚯蚓，幼鸟在最初阶段不能自己取食，这也导致了最终只能有两只幼鸟能够存活下来。

春

美食——鳀鱼、白酒、海条藻炒辣面

杜布罗夫尼克饭店是一家专门经营海鲜的饭店，这个食谱由艾伦·帕尔精心设计改进，是一种风格独特的意大利面食。伸长海条藻（*Himanthalia elongata*）俗称海面条，是一种条状海生藻类，市场有干货出售。

制作量：4人份
100克伸长海条藻
200克宽面
4茶匙优质橄榄油
3瓣大蒜
8片用橄榄油腌制的鳀鱼片
少许辣椒粉
100毫升白酒
一小把香芹

按照包装说明，把海条藻和宽面用开水煮熟。（如果没有多余锅或者时间来不及，可以把海条藻和宽面放一起煮，但是分开煮更好一些。）
同时，用小炒锅在火上加热，锅热了之后倒入橄榄油，调成小火。
放入大蒜，翻炒，在蒜没有变色之前放入鳀鱼片，继续翻炒，直到鱼片渗出油。
将一半辣椒粉倒入锅中，调成大火，锅温度上来之后倒入白酒，颠一下锅，使白酒快速混入汤汁里。
继续加热直到锅中汤汁熬掉一半，如果你想汤汁多一点，可以在锅里加些面汤。
捞出煮好的海条藻，过一下温水，然后放到炒锅里。
捞出宽面放入炒锅中，留点面汤以备后用。加上香芹翻炒，如果觉得太稠，再往锅里倒些面汤。
最后把剩余的辣椒粉撒在面条表面上，就可以出锅了。

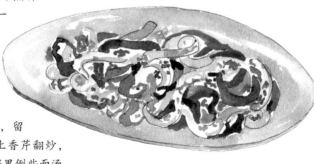

海盐

盐由两种元素构成：氯和钠。用于烹饪增加食物味道，同时也是一种防腐剂。盐分三类：海盐、矿盐和食用盐，三种盐几乎都含有百分之百的氯化钠。不论哪一类盐，食用过多都对身体有不良影响。

矿盐从地下盐矿中开采出来，原始状态就是固体。食用盐是粗盐经过提炼去除其中杂质，但是在提炼过程中，也除掉了其中的一些矿物元素，比如镁、钾等。海盐含有较多的矿物元素，所以一般认为食用海盐对身体会更有好处，当然要适量。

提炼海盐主要的操作是蒸发掉其中的海水，这个过程看似简单，操作起来却很复杂。过去煮海盐是用荆豆秸秆在下面点火加热，火上面放砂锅，里面装上海水。现代技术进步了，提炼海盐先把没有受到污染的干净海水用泵抽到一个特殊设备里面，经过三次过滤，然后用紫外线照射去除海水中的泥沙和微生物。这时海水中一部分矿物元素被排除，而且浓缩成超饱和盐水，把这种超饱和盐水转移到一个大型瓷缸里加热。经过两天时间，在缸口表面凝结出晶体盐，为了制出品相好的盐，一天24小时都得有工人随时收集结晶盐。蒸发出来的水再放回大海里。

春

海星

　　海星属于无脊椎动物中的棘皮动物。海星全部呈辐射对称，典型特征是有一个体盘和5条腕，身体背部有的光滑，有的具颗粒状突起或者棘刺。身体中央部位有口，取食方法是吞咽或者滤食。"棘皮"意思是带刺的皮肤，海星身体表面都有钙质骨板。

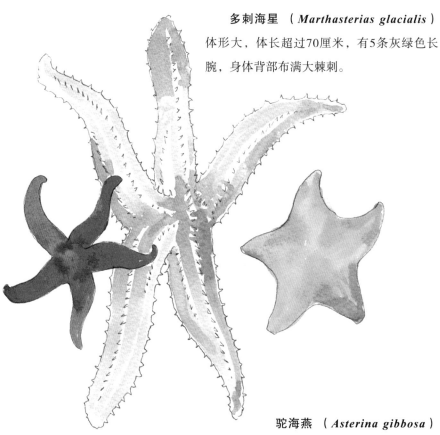

多刺海星 （*Marthasterias glacialis*）
体形大，体长超过70厘米，有5条灰绿色长腕，身体背部布满大棘刺。

驼海燕 （*Asterina gibbosa*）
体形很小，体长6厘米左右。身体隆起像一个厚厚的星形垫子，颜色有褐色、绿色或者橙黄色。

血海星 （*Henricia oculata*）
体长12厘米，有5条腕。身体颜色多变：从紫色到红色，或者黄色。

棘轮海星 （*Crossaster papposus*）
体长35厘米。体盘巨大，但是腕很短，只有11—14厘米，背部中间有一个浅红色圆圈，周围是一圈一圈的带状同心圆环，圆环颜色有白色、粉色、黄色或者殷红色，腹面呈白色。

波罗的海海星 （*Asterias rubens*）
体长30厘米。有5条腕，身体颜色红棕色，背部棘刺呈白色。

沙滩槭海星 （*Astropecten irregularis*）体长20厘米，体形有点扁平，5条腕坚硬多棘，身体颜色桃红，腕部齿状边缘呈紫色。

七臂海星 （*Luidia ciliaris*）体长50厘米，有7条腕，但日常生活中经常会有一两条断掉，身体颜色棕红色。

春

27

马芹

马芹

(Smyrnium olusatrum)

经伊甸园温室工程的艾玛·冈恩女士允许，本文有关马芹的介绍，全部引自她的著作《心中永远的牛蒡》，在此对她表示感谢。

马芹（*Smyrnium olusatrum*）英文名是Alisanders，或Horse Parsley和Alexanders。生长在悬崖峭壁顶端和海边灌木丛中，春天开满黄绿色小花，到了秋天结成黑色种子。株高达50—120厘米，茎部中空，表面有沟槽。

可作为一种野菜食用，下面列举几种食用方法。

嫩茎、花头和叶子：茎部有点像竹笋，可以当作生鲜蔬菜食用——去皮，在开水里煮5—10分钟，或者一直煮到变软；鲜嫩的花头可以用同样方法处理或者生吃；老叶子用热水焯一下，嫩叶可以生吃。

28

糖腌草茎：马芹茎部可用糖腌制，方法类似糖腌白芷，用来制作蛋糕或者当作甜点直接食用。具体方法是，把茎去皮，放入糖水（一锅水加一杯糖）锅中煮10分钟，在不粘纸上撒一层白砂糖，把草茎捞出摊放在上面，然后在草茎上面再撒一层白砂糖，晾干之后，把上面没有溶化的糖抖掉，然后保存到一个干燥罐子里并密封。

花头天妇罗：是一道日本风味菜肴，老的或者嫩的花头都可以食用。把花头蘸上调好的面糊（称作天妇罗衣），然后放到油锅里深炸一下，炸到颜色变黄。

油炸马芹根：像处理萝卜一样，把草根洗净，去皮，切成片。在锅里倒上葵花油，草根放到油里，加入调料，把火调到180℃，大约20分钟炸到变软。（需要注意：没有得到主人同意，千万不要去农田里随便挖马芹的根。）

种子辛辣调料：坚硬的黑色种子要在年末才会成熟，是一种辛辣调料，跟黑胡椒非常相似。

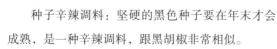

春

美食——独创养生菜：咸辣鱿鱼蘸鳄梨酱

这是我女儿艾玛发明的一道菜，她说："这道菜简单方便，不但可以令人延年益寿，而且余香绵长，吃完之后闭眼仔细品味，有飘飘欲仙之感。做这道菜只要鱿鱼能随时买得到就行。"根据个人喜好，蘸料可以用大蒜蛋黄酱代替鳄梨酱。大蒜蛋黄酱制作方法：两瓣大蒜捣成蒜泥拌到几个蛋黄里就可以了。

制作量：4人份

煎鱿鱼食料：

400克大的鱿鱼，清洗干净

2—3汤匙特级优质橄榄油（属于质量最好的橄榄油）

2茶匙食盐

1茶匙新鲜磨制的黑胡椒粉

1茶匙辣椒粉，如果喜欢可以多一些

几根香菜，切碎

鳄梨酱食料：

2个熟透的鳄梨

1—2个新鲜红辣椒，剁成碎末

几根香菜，剁成碎末

半个红皮洋葱，剁成碎末

2瓣大蒜，剁成碎末

1个西红柿，剁碎

2个酸橙，挤原汁

盐和胡椒，调味

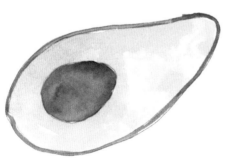

需要用煎锅或者带箅子烤炉煎（或烤）鱿鱼，因此提前把锅预热。

用剪刀把鱿鱼一侧剪开，从里到外仔细清洗干净，抹干水分。鱿鱼大致按3厘米宽度切成条，再用一把带尖的小刀在鱿鱼条上横着和竖着各划几下，最后把鱿鱼条涂上橄榄油。

接下来制作鳄梨酱。把上面列举的所有食料放在一个碗里，搅拌均匀，用叉子把鳄梨块捣碎，调上盐和胡椒，鳄梨酱就做完了。

盐、辣椒面和黑胡椒粉混在一起，撒在鱿鱼表面，根据口味轻重，可以两面都撒一些。

煎锅烧热后，鱿鱼放进锅里，每一面大约煎一分钟，鱿鱼发生卷曲就算煎好了。

鱿鱼装到盘子里，上面撒上香菜，再配上鳄梨酱蘸料，一道翠绿可口的凉菜就做好了。

崖海鸦

　　崖海鸦 （***Uria aalge***） 属于海雀科。大部分时间生活在海上，只有繁殖季节才飞到岸边的岩石峭壁上。崖海鸦英文名字除了Common Guillemots，还有Murres（译注：murmur意为低声说话），因为它们经常发出一种低低的奇特咕咕声，好像窃窃私语。崖海鸦在水里潜泳技术高超，用翅膀划水，看起来如同在水里飞行。雌鸟和雄鸟外表没有太大差异，但是有些个体眼睛四周有一个白圈，眼角处连着白圈有一条伸向脑后的条状白线，有人习惯把长有白色眼圈的崖海鸦叫作"笼头鸟"。

崖海鸦群体有属于它们自己的巢穴领地，一个繁殖季内一对成年崖海鸦通常只产一枚卵，孵化期需要28—34天，由雌雄鸟轮流照顾。孵化过程中，如果第一枚卵丢失，雌鸟会再产一枚，第二枚卵要比第一枚小，但是第二枚卵孵化出来的幼鸟要比第一只生长迅速。崖海鸦的巢与巢之间距离很近，有时候两个巢之间只有一只鸟喙的距离。

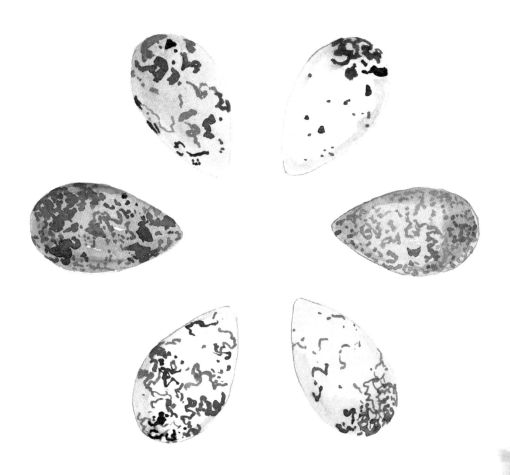

　　聪明的崖海鸦把卵进化得完全适应了环境：一方面卵虽然产在峭壁上，但其形状保证了它们不会滚落到悬崖下；另一方面卵外壳有一层包衣，能自动清除表面污垢。崖海鸦卵壳颜色和图案彼此各不相同，使得每个卵都是独一无二的，人们认为这个特性有助于崖海鸦找到自己的卵。

春

四月份海滨地区开花植物

上图从左至右依次是:

石蚕叶婆婆纳 (*Veronica chamaedrys*)

滨菊 (*Leucanthemum vulgare*)

钩刺峨参 (*Anthriscus caucalis*)

春绵枣儿 (*Scilla verna*)

广布蝇子草 (*Silene vulgaris*)

芹叶牻牛儿苗 (*Erodium cicutarium*)

叉枝蝇子草 (*Silene latifolia*)

短柄野芝麻 (*Lamium album*)

手工——流木台灯

所需材料：
几块造型奇特的流木
一把热熔胶枪
一块5厘米见方的胶合板，用来安装灯头
电线
灯罩

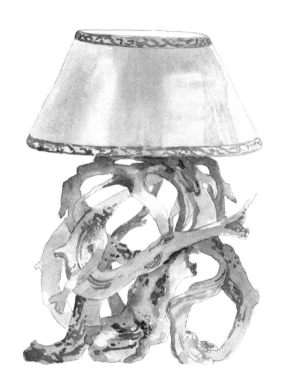

首先需要把几截流木粘到一起，这个过程最好找几个人帮一下忙，因为木块涂上胶需要对准位置牢牢抓住，直到胶水凝固粘结实，这样台灯底座才能稳固美观。底座下端需要水平方向安装胶合板，因此必须留出足够位置。把灯头固定在胶合板上，购买灯头时需要配备三个自攻螺丝钉和一个吊环螺丝钉，吊环螺丝钉用来固定灯罩。如果灯头上没有自带电线，还要在上面接上电线，电线可以顺着灯座木条走势遮掩起来。

美食——接骨木花和鹿角菜布丁

这是一款风味独特的布丁，制作方法来自弗兰尼·拉迪甘博士享有盛誉的烹饪书籍《爱尔兰的海藻厨房》，所使用的原料为鹿角菜，干的或者鲜的都可以，用鲜的鹿角菜制作出来的布丁颜色要比干的深一些。

制作量：6—8人份
25克干的或者150克鲜的鹿角菜
200毫升高脂奶油
50克糖
250毫升牛奶
12朵接骨木花的花头

如果用的是鹿角菜干货，需要预先在冷水里泡发20分钟。
奶油倒进平底锅里，加上糖，小火慢慢煮沸，其间需要不时搅拌一下，然后关火备用。
另一个平底锅中倒入牛奶，放进鹿角菜和接骨木花头，加热到沸腾后，再煮10分钟，直到奶开始变稠。
用漏勺把稠奶和里面的鹿角菜、接骨木花头舀出来，放入煮好的奶油里，然后再倒入布丁模子，冷却后放进冰箱里保存，随吃随取。

五月份碎石海滩上的开花植物

亚洲百里香
(Thymus serpyllum)

菊头桔梗
(Jasione montana)

苔景天
(Sedum acre)

山柳兰
(Pilosella officinarum)

姬星美人
(Sedum anglicum)

红百金花
(Centaurium erythraea)

春

大西洋鲱

鲱鱼的英文名字Herring，来自古挪威语，含义是"军队"，这个名字非常形象地描述了庞大的鲱鱼群来回游动的场景。当用**大西洋鲱**（*Clupea harengus*）制作类似沙丁鱼罐头的时候，也把它们称作小鲱鱼。大西洋鲱滤食海水中浮游生物和其他小型生物，包括幼小鲱鱼和其他鱼类的鱼苗。大西洋鲱是许多动物的重要食物来源，比如塘鹅、海豚、海豹和其他掠食鱼类。

大约在公元前3000年以前，鲱鱼就与人类有了深厚的渊源，人们有许多保存和烹制鲱鱼的方法。

- 醋腌鲱鱼卷：一种腌制的剔骨鲱鱼片。
- 冷熏鱼片：把鲱鱼劈成两半，然后去内脏，加盐，冷熏。
- 冷熏全鱼：跟冷熏鲱鱼片基本类似，只是不剔除内脏。
- 酒糟鱼或醋鱼：用白酒或者醋调制炖鱼汤料。
- 热熏整鲱鱼：不切成两半，将整条鱼去内脏，留下鱼子，然后热熏。

鲱鱼全年繁殖，成千上万的鱼卵沉到海底，如果海水足够暖和，鱼卵10天就可以孵化；如果海水比较凉，孵化期需要一个月以上。孵化的仔鱼包裹在卵黄囊里，当长到大约10—15厘米长的时候，卵黄囊消失，自此以后它们就要自食其力了。

与鲱鱼有关的英文俚语：

狩猎途中投放红鲱鱼。

真实含义：企图通过一些假象来转移对主要问题的关注。鲱鱼经过晒干、烟熏，再用盐腌制后，颜色变成红色，而且气味很浓。训练猎犬时，把这种熏鱼放置在狐狸经常出没的地方，用它的气味遮盖狐狸气味，以此来迷惑猎犬，提高猎犬的搜寻能力。

——选自《布鲁尔短语和俚语词典》

春

39

普通燕鸥

　　燕鸥在陆地上虽然显得很笨拙，但是飞在空中却身形优雅，并且会疾驰而过，从高空以迅雷之势俯冲而下，直扑水中的猎物。**普通燕鸥**（*Sterna hirundo*）属于夏候鸟，它们的繁殖地可以随意选在沙质或者砾石海岸的任何一个地方，也可以是淡水或者海洋中的岩石岛屿上。普通燕鸥和**北极燕鸥**(*Sterna paradisaea*)很相似，繁殖季节普通燕鸥羽毛颜色稍浅一些，而北极燕鸥在繁殖季节喙前端没有黑尖。

　　燕鸥样子非常漂亮，但叫声却相当吵人，尤其是一大群燕鸥叫声非常尖厉。它们长长的剪刀尾巴，叫人不由地联想到燕子，所以燕鸥有时候也被称作海燕。燕鸥觅食的时候会不停地在水面上盘旋，一旦发现了水中的鱼，就会俯冲直下。

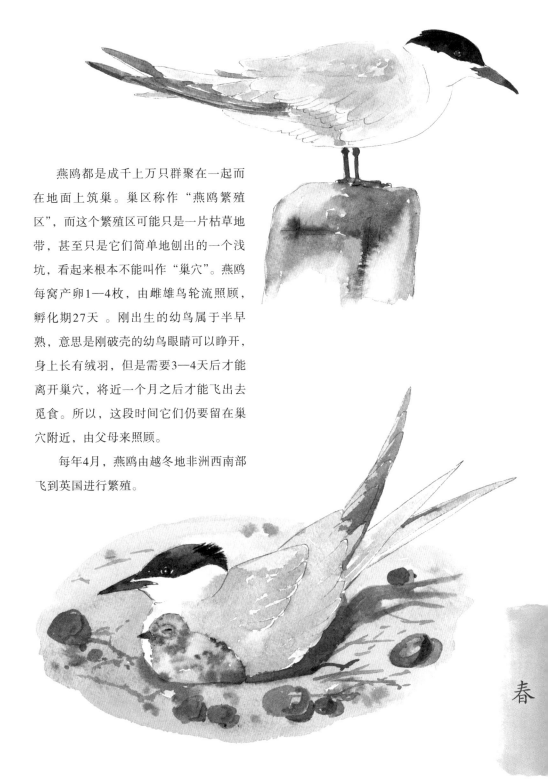

　　燕鸥都是成千上万只群聚在一起而在地面上筑巢。巢区称作"燕鸥繁殖区"，而这个繁殖区可能只是一片枯草地带，甚至只是它们简单地刨出的一个浅坑，看起来根本不能叫作"巢穴"。燕鸥每窝产卵1—4枚，由雌雄鸟轮流照顾，孵化期27天。刚出生的幼鸟属于半早熟，意思是刚破壳的幼鸟眼睛可以睁开，身上长有绒羽，但是需要3—4天后才能离开巢穴，将近一个月之后才能飞出去觅食。所以，这段时间它们仍要留在巢穴附近，由父母来照顾。

　　每年4月，燕鸥由越冬地非洲西南部飞到英国进行繁殖。

春

手工——水彩纸鱼形手镯和耳环

如果手里没有现成的结实一些的纸，可以用多层薄纸粘在一起，以增加强度。
下面介绍制作手镯和耳环的方法，项链和吊坠的制作方法基本类似。

所需材料：
几张300克的水彩纸
美工刀
Mod Podge胶（或者PVA胶水）
一卷餐巾纸
砂纸或者抛光砂条
电钻
水粉
上光油
其他零碎用品：4个环扣，1个带磁手链
扣，2个羊眼钉和2个耳钩

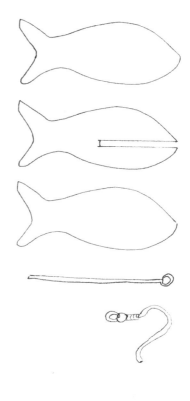

先在纸上简单画一条大约4厘米长的鱼
形图案，用美工刀裁下来。
裁剪出来的窟窿作为模板，在纸上再画
11条鱼，然后依次裁下来。
剪下的鱼每三个一组，用胶水把每组鱼
上下重叠粘到一起，用手压紧粘牢（垫
上餐巾纸，以免手指沾上胶水）。
因为要戴在手腕上，所以鱼形状最好有
点曲度，可以用物体（胶水瓶或者上光
油铁罐都可以）在上面滚压出曲度。
把粘好的鱼上下都垫上餐巾纸，用铁勺或者画刷的木把在鱼的曲面用力碾擦，
直到鱼完全保持住了弯曲形状，然后放到一边完全晾干。
鱼的边缘用砂纸打磨光滑。
用电钻在每条鱼的头部和尾部各钻一个小孔。
在鱼身上画上自己喜欢的图案。最好用丙烯颜料来画，当然也可以使用水彩或

者水粉，但是需要注意，如果使用水性油彩，在给鱼上光的时候油彩会掉色。

用上光油给每条鱼上光，放置晾干——上两遍光，鱼的光泽度会更好。

用环扣把每条鱼首尾依次连接在一起，手链扣穿在最后一条鱼的尾部。

制作耳环需要另外裁剪6条鱼，分成两组，每组3个，在每组中间一条鱼上剪出一个窄缝，宽度等于羊眼钉直径。和上述一样，一组中的3条鱼粘到一起，把羊眼钉插入每条鱼的中间窄槽中。

每条鱼的头部打上孔。

同上述，画上图案，抛光定型。

穿上耳钩。

海鸥的卵

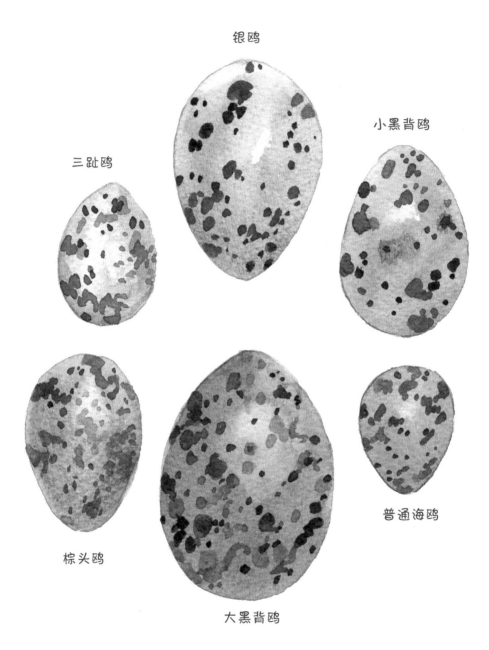

银鸥

三趾鸥

小黑背鸥

棕头鸥

大黑背鸥

普通海鸥

44

蛾螺和马蹄螺

欧洲钟螺
(Calliostoma zizyphinum)

欧洲蛾螺
(Buccinum undatum)

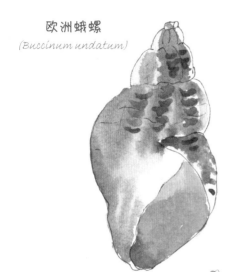

僧侣钟螺
(Gibbula magus)

网状犬蛾螺
(Hinia reticulata)

紫螺
(Janthina janthina)

海蛳螺
(Epitonium clathrus)

狗岩螺
(Nucella lapillus)

滨螺
(Littorina littorea)

黑线玉黍螺
(Littorina nigrolineata)

春

45

夏

暴雪鹱

虽然**暴雪鹱**（*Fulmarus gla-cialis*）长相很像海鸥，但实际上属于剪嘴鸥科，与信天翁亲缘关系更近。它们几乎常年生活在海上，伸展着强有力的翅膀翱翔在空中。只有到了5月的繁殖季节，才会来到岸边的悬崖峭壁上繁殖后代。它们在峭壁岩石上选择一处平台，把卵直接产在上面。一个生殖季只产一枚卵，卵孵化时间格外长，通常需要47—53天。

暴雪鹱油是暴雪鹱体内分泌的一种恶臭液体，在遇到天敌的时候，喷射出来进行自卫。在英国远海岛屿圣基尔达岛（St Kilda），暴雪鹱在过去对这里居民具有举足轻重的作用：首先它们是一种主要肉食来源，暴雪鹱油可用来点灯照明，也可通过外敷来治疗肌肉疼痛。另外，把暴雪鹱的两个翅膀绑到一起，可以当作灶台刷子。

刀嘴海雀

    刀嘴海雀 （*Alca torda*） 属于海雀科，外形漂亮，羽毛呈黑白混色。雄鸟和雌鸟相比只是体形稍稍大一点，其他完全一样。繁殖季节它们会来到岸上，其余时间都生活在海上，用翅膀划水，可以潜到120米的深海里。

    刀嘴海雀一夫一妻相伴终身，每年在岸边峭壁上产下一枚巨大的卵。到了繁殖季节它们在巢区聚集成一个庞大的群体。刀嘴海雀卵的一端尖锐，滚动的时候像不倒翁一样沿着弧形轨迹运动，从而避免滚下悬崖。雌雄鸟轮流孵卵，为了保证安全，它们把卵放在脚上。

夏

海鲂

- **海鲂** （*Zeus faber*） 长相非常奇特，能使人过目不忘。
- 也叫作圣彼得鱼。
- 成年鱼体长可达60厘米，重量3公斤以上。
- 分布在地中海地区，属于一种温水鱼，夏季在英国南部也有发现。
- 属于掠食性鱼类，以捕食小型鱼类为生。
- 身体侧面有一个黑点，可能是用来冒充鱼眼睛使自己体形显得更加庞大，以此迷惑敌人。
- 商业价值不高，但是可食用，而且味道不错。

  圣彼得鱼这个名字来源于一个古老的传说，据说有一个叫圣彼得的人在加利利海钓到了一条海鲂，他没有把鱼拿回家而是重新放回了大海，鱼身体侧面的黑点据说就是圣彼得的拇指印。

帽贝

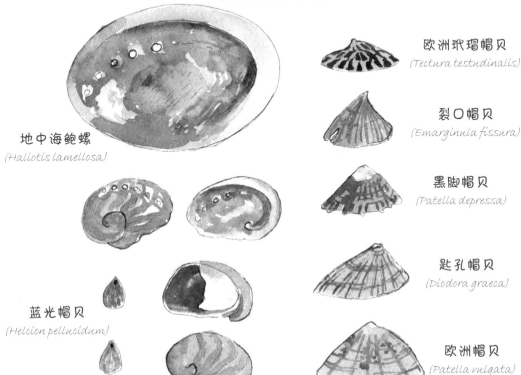

欧洲鲍螺
(*Haliotis tuberculata*)

欧洲玳瑁帽贝
(*Tectura testudinalis*)

裂口帽贝
(*Emarginula fissura*)

地中海鲍螺
(*Haliotis lamellosa*)

黑脚帽贝
(*Patella depressa*)

匙孔帽贝
(*Diodora graeca*)

蓝光帽贝
(*Helcion pellucidum*)

欧洲帽贝
(*Patella vulgata*)

大西洋舟螺
(*Crepidula fornicata*)

　　帽贝是一类腹足纲的软体动物。不同于其他多数螺类，它的壳没有螺旋，表面平滑，有一条肉足。

　　欧洲鲍螺是一种体形巨大的帽贝，分布范围向北一直延伸至英国的海峡群岛，被认为是一种极品海味。对欧洲鲍螺的打捞有严格限制，而且规定捕捞8厘米以下的任何鲍鱼都是违法行为，对捕捞日期也有明文规定，称之为"捕鲍日"——规定1—4月期间，每个月的满月和新月当天以及随后两天是捕鲍日。

夏

美食——油炸蟹肉饼

非常感谢里克·斯坦先生允许我把他的蟹肉饼配方介绍给大家，他把一种非常普通的海鲜食品做得可口美味，而且具有异域风味。

制作量：4 人份
1只煮熟的黄金蟹，大小在1.25公斤左右
300毫升橄榄油
1根大的胡萝卜，剁碎
1根蒜苗，剁碎
1个中等大小的葱头，剁碎
900克土豆
面粉，用作扑面
2个鸡蛋，在碗中打散
100克面包屑
2个西红柿，去皮、去籽，剁碎
10片新鲜的罗勒叶，其中6片细细地切碎，4片备用
1/4个柠檬果，榨汁
盐和新磨的黑胡椒粉

烤箱150℃预热。

从蟹壳里拔出蟹肉、蟹黄（或者蟹膏），掏空的蟹壳留下，接下来要用到。在一个平底烤盘里倒上橄榄油，把蟹壳、胡萝卜、蒜苗和葱头一起放进烤盘里，然后放进烤箱里烘焙两个小时，烤出淡淡的香味。取出来晾凉，滤出里面的油，即为蟹油，滤完油的菜渣扔掉。

把土豆放进烧开的淡盐水里煮软，用叉子碾成土豆泥，然后拌入四分之三的蟹肉、一半蟹黄和三分之一的蟹油，用盐调一下味儿。

把拌有蟹肉的土豆泥揪成大约50克的小面团，在面板上撒上面粉，用铲刀把小面团在面板上拍成扁圆的蟹肉饼。把蟹肉饼先沾上一层面粉，再沾上一层鸡蛋液，最后沾上一层面包屑。

把余下的蟹油、蟹肉和预先备好的西红柿、罗勒叶碎末和柠檬汁全部倒进一个平底锅里，温火稍稍加热后作为配菜，需要注意的是，千万不要煮沸。

在电炸锅里把油加热到160℃，或者用一个大的平底锅在灶上把油加热到这个温度。把蟹肉饼放进油里炸3分钟，捞出放到滤油纸上控一下油。

四个盘子提前热一下，然后把控完油的蟹肉饼分装在里面，在旁边摆上配菜，再放上一整片罗勒叶作为点缀。上桌后一定要趁热吃！

肾叶打碗花

花期为6—8月。肾叶打碗花（Calystegia soldanella）也叫作海滨旋花。主要生长在碎石滩或沙地上，对海水和潮汐的适应力很强，但对过度践踏非常敏感，这种情况在热门旅游地非常普遍。肾叶打碗花的叶子呈肾形或圆形，看起来非常光泽。因为它与其他常见同属种类一样是匍匐生长，而非攀缘生长。

54

峭壁植物

红景天
(Rhodiola rosea)

反曲景天
(Sedum reflexum)

海石竹
(Armeria maritima)

脐景天
(Umbilicus rupestris)

夏

55

手工——鹅卵石桌布坠

桌布坠是挂在桌布下垂部分边缘上，在屋外压住桌布防止被风吹起来。最好能找到4块带孔的鹅卵石，这样只要把夹子环穿在上面就可以了（带环夹子用那种窗帘夹子就可以，很容易买到），如果在海边找不到带孔鹅卵石也没有关系，下面介绍一种用手工金属丝来绑定鹅卵石的方法。

需要的材料：
4块大小相似的鹅卵石
手工金属丝
一包带环夹子

手工金属丝上剪下一截，长度30厘米，然后打一个90度弯，如图所示。
把金属丝压在石头上，把石头翻过来，然后把金属丝绕过来再打一个90度弯。
再把石头重新翻过来，把金属丝从最初打的弯底下穿过来。
然后再把石头翻过来，金属丝做相同处理，把余下的金属丝向上抻直，首尾拧到一起，做成一个圈。
把夹子上的圆环套在金属丝圈上。其他三块鹅卵石也用同样方法绑上金属丝。

管水母

人们有时把管水母误认为水母，实际上二者是有本质区别的。管水母不是单个有机体，而是聚集在一起的一个有机群体，而群体中的每个有机个体又具有不同的生物学功能。目前英国海域只发现两种管水母——帆水母和僧帽水母。

帆水母（*Velella velella*）体长6厘米，生活在开放水域，有时大风会把它们吹到岸上。身体呈青蓝色，有一个竖立的帆板，可以带动身体向左或者向右旋转。人们普遍认为帆水母被风吹到哪一个地方，与它们自身旋转方向有关系，所以在岸上某个地方发现成群搁浅的管水母，它们在水中旋转方向应该是一致的。帆水母有短的触手，蜇刺对人体没有毒害。帆水母又叫作紫水母。

僧帽水母（*Physalia physalis*）身体宽度12厘米，长度最大达50米（10米左右的比较常见），有一个露出水面的峰状突起，高度大约15厘米，形状像僧人帽子。僧帽水母生活在开放水域，有时候大风会把它们吹到岸上。有一个椭圆形半透明的浮囊或者叫气囊，呈桃红色，下面拖带着一些蓝色和粉色的触手，触手上面布满刺细胞。人一旦被它们蜇到，会在皮肤上留下如同鞭抽一样的红印子。僧帽水母又叫作葡萄牙军舰水母，因为它们浮囊的形状特别像18世纪葡萄牙的一艘军舰，而这艘军舰的名字叫作Portugese Man-of-war（葡萄牙军舰），所以僧帽水母的英文名字是Portugese Man-of-war，也用Bluebottle Jellyfish来表示，都是葡萄牙军舰的意思。

如果不小心被僧帽水母蜇咬了，要先用盐水（不要用淡水）把叮在皮肤上的触手洗掉，不要涂抹醋、小苏打或者酒精，也不要往伤口上撒尿液，因为这些东西可能会加重病情。剃须膏可以控制毒素扩散，热敷可以减轻疼痛。可以用热的海水清洗；确定皮肤上没有残留的触手之后，也可以用热淡水清洗。可以服用一些常见的止痛药，但是如果出现了任何呼吸困难或者胸痛的症状，一定要赶紧拨打999急救电话。

夏

57

三种潜水鸟

普通潜鸟
(Gavia immer)

红喉潜鸟
(Gavia stellata)

黑喉潜鸟
(Gavia arctica)

  图中所示三种漂亮的潜水鸟在北美地区叫作loons（意思是疯狂的叫声），这大致描述出了它们的叫声特点：好像丧心病狂的笑声。这三种潜水鸟在北欧地区也都有分布，包括英国的苏格兰和西部群岛。它们在陆地上繁殖，但是日常活动还是在岸边的水域地带。冬季进行换羽，漂亮的夏羽将会变成褐色或者灰色。

石鳖

石鳖附着在海里岩石上，生活方式类似于帽贝。分布在英国的石鳖种类非常少，形状和大小像潮虫。与其他软体动物的主要区别在于：石鳖背部有八块连锁在一起的背板，用来保护自己。

琥珀

如果想找到一块天然琥珀，好像不太容易。有时候即便找到了，也不见得很好看，因为琥珀只有经过人工抛光处理之后才会显出它的光亮艳丽。在海边寻找的时候，要注意那些看起来像鹅卵石，但是拿到手里又很轻，也没有鹅卵石那么凉的"石头"。如果还不确定，就在上面刮一下，如果是真琥珀就会散发出一股松树的香味。

琥珀实际是渗出树干的松脂凝固之后变成的化石。因为松脂黏性非常大，在沿着树干往下流的时候，一些来不及跑掉的小昆虫会被粘在里面。关于琥珀有一个有趣现象：在琥珀表面摩擦会产生静电。古希腊人把这种静电称为"Elektron"，这也是现代英文电流"electricity"一词的由来。

夏

户外活动——海边烤鱼

在海里捕鱼辛苦了一天，如果把捕到的鱼就地在海边烤熟了来享用，对自己算不算是一种最好的犒劳呢？在沙滩上挖个坑，里面垫上鹅卵石，在石头上生火把鹅卵石烧热，然后找一些海藻把鱼包起来放到石头上烤熟。为了能顺利吃到烤鱼，出海之前需要做些必要准备。也许你会发现，虽然海边有很多木头用来生火，但是却找不到用来包鱼的海藻，这时候预备一些报纸，沾湿了之后就可以代替海藻来包鱼；或者在海边能找到充足的海藻，却没有木头，这就需要提前带一些木柴。当然是否能捕到鱼，全凭作为钓鱼者的你自己的技能和耐心了。

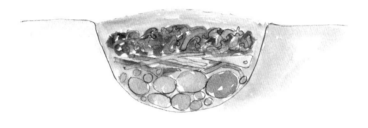

先用铁锹（铁锹也需要提前准备）挖一个坑，坑口大约是50厘米×30厘米，深度40厘米。然后找一些大块的鹅卵石或者石块垫在坑底部。石头是用来做烤鱼热源的，因此多多益善。在石头上面生上火，所以还需要你从家里带来打火机和引火柴，如果都带来了，那就再好不过了。把火烧得旺旺的，要一直烧透，这样下面的石头才能充分热起来。

同时把鱼收拾一下，刮鳞去内脏，用海藻包裹起来。海藻要多包一点，不然你会吃到满嘴沙子和小石子。

木柴烧成灰烬之后，把包好的鱼放到石头上，上面再盖上一层海藻，然后用沙子埋住。时间需要二三十分钟左右——时间长短取决于石头被加热的程度。

在海边生火烤鱼之前，一定要弄清楚是否符合当地的有关规章制度。离开之前，要把现场收拾干净，全部物归原样，还要注意这里的潮汐变化（参见第19页）。

水母

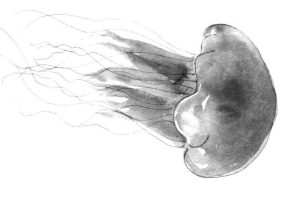

狮鬃水母（*Cyanea capillata*）属于大型水母，伞体直径85厘米，触手上有刺细胞。夏季海岸上经常可以看到搁浅的狮鬃水母，尤其是在北部海岸边。狮鬃水母有60多条纤细触手，伞体中央有四条带有褶边的口腕。

蓝水母（*Cyanea lamarckii*）非常漂亮，也很常见，尤其在夏季。浅蓝色的伞体拖曳着纤细的触手，中央位置有四条粗壮的口腕。

罗盘水母（*Chrysaora hysoscella*）在夏季里有些地方很常见。伞体直径30厘米，有24条触手，上面带有刺细胞，人一旦被它们刺到，会引起皮疹，而且瘙痒难耐。

海月水母（*Aurelia aurita*）可能是最常见的水母，多数人对它应该都比较熟悉。个体体形大小有差异，大的可以达到40厘米以上。伞体淡紫色，上面有四个非常明显的圆圈，这实际上是海月水母的性腺，这些像月亮一样的性腺四周长满了带有刺细胞的触手。

水母身体结构主要是一个伞体，内部有一个中胶层，大多数种类的水母伞体底部四周都有长长的触手。水母在水中通过有节奏地收缩和舒张伞体来自由地四处游动。

夏

捷蜥蜴

- **捷蜥蜴**（*Lacerta agilis*）生活在荒野和沙丘地带，对人类没有任何毒害。
- 体长大约20厘米，寿命可达20年之长。
- 属于食肉性动物，食物主要是无脊椎动物，但实际上任何会动的生物都是它们的猎捕对象，甚至包括自己的幼崽。
- 皮肤有迷彩图案，颜色包括黑色、咖啡色和米黄色。每年的4月中旬到5月中旬属于交配季节，此时雄性蜥蜴侧腹变成绿色，交配季节结束之后，部分绿色仍会一直保留。
- 整个冬季进行冬眠，来年3月中旬，雄性蜥蜴首先结束冬眠。
- 雌性蜥蜴把卵产在一个能接受阳光直射的浅坑里，一次产卵2—16枚，孵化期长短取决于阳光充足程度，一般需要8—10周。
- 小蜥蜴一旦破壳而出，就能自食其力了。

黄条背蟾

- **黄条背蟾**（*Epidalea calamita*） 生活区域包括沙质荒地、沙丘和盐沼地。
- 腮腺能分泌毒素，用来威慑其他动物，但是它的天敌**水游蛇**（*Natrix natrix*） 对这种毒素具有免疫力。
- 体长6—8厘米。
- 食物主要是小型无脊椎动物，它的舌尖末端黏性很大，捕食的时候，舌头会突然伸出粘住猎物。
- 皮肤颜色呈浅棕或者橄榄灰，背部长满疣瘤，疣瘤颜色从红色到绿色会发生一些变化。沿背部纵向有一条黄色条纹。
- 每年冬季进行冬眠，来年4月结束。
- 交配季节，雄性蟾首先来到一个专门的繁殖水塘里，每天晚上呱呱地叫上几个小时——这种叫声在一公里以外都能听得清清楚楚。
- 产卵方式：雌雄交配后，雌性黄条背蟾产出一条卵带，里面包含4,000多个受精卵，在卵带里排成一行 [与**大蟾蜍**（*Bufo bufo*） 的产卵方式不同，大蟾蜍的卵带中有两行卵]。
- 卵经过10天孵化成蝌蚪，蝌蚪再经过8周发育成幼蟾。

夏

63

手工——牡蛎壳鱼形工艺品

有些海滩上牡蛎壳随处可见，当然你也可以直接买几斤牡蛎，先吃肉，然后把壳留下。一般30个左右的牡蛎壳就能做出一条大约30—40厘米长的"鱼"。

所需材料：
大约30个牡蛎贝壳
样式不同的扇贝壳和螺壳
带有小孔的帽贝壳或者其他类似贝壳，用来做鱼的眼睛
纤维板或者硬纸板
热熔胶枪

在纤维板上裁出一个简单的鱼模型，如果喜欢也可以用硬纸板代替。因为贝壳分量较重，所以如果使用硬纸板，需要增加一下纸板强度：在硬纸板上裁出三个鱼模型，而且三个模型要沿着纸板芯层瓦楞不同方向来进行裁剪，这样硬度会更大，然后把三个粘在一起。

把贝壳粘在硬板模型上，从尾部开始，先把扇贝壳粘上，然后再把牡蛎壳压在扇贝壳上，形成鱼鳞的效果。最后用螺壳粘出鱼的眼睛和嘴。这个过程如果用一把自动电熔胶枪会更省劲。

贼鸥

大贼鸥

到了夏季，大贼鸥（*Stercorarius skua*）从西班牙和非洲远离大陆的越冬海域飞到英国的奥克尼群岛、设得兰群岛和外赫布里底群岛上进行繁殖。大贼鸥翅展可达125—140厘米。捕食手段有两种，一种是通过偷袭来抢夺其他鸟类的猎物，即使像鲣鸟这样的大型鸟也不放过；另一种是直接猎杀像海雀一样的小型鸟。大贼鸥在一个繁殖季产两枚卵，孵化期需要26—32天。

短尾贼鸥（*Stercorarius parasiticus*）也是一种夏候鸟，像大贼鸥一样，也是通过偷袭来抢夺其他鸟类食物或者直接猎杀小型鸟类。为了尾随猎物，它们会贴着浪尖低空快速飞行。短尾贼鸥翅展可达118厘米。一个繁殖季产两枚卵，孵化期25—28天。

短尾贼鸥

奥克尼群岛和设得兰群岛是以大贼鸥来命名的。在英国大贼鸥的别名"Bonxie"可能起源于古挪威语（译注：Bonxie是设得兰群岛的挪威语名字），意思是胖墩墩的，这个词形象地描述了大贼鸥粗壮的体形和对待那些犯傻的入侵者靠近它们巢穴时不顾一切俯冲还击的气魄。

夏

大虾和小虾

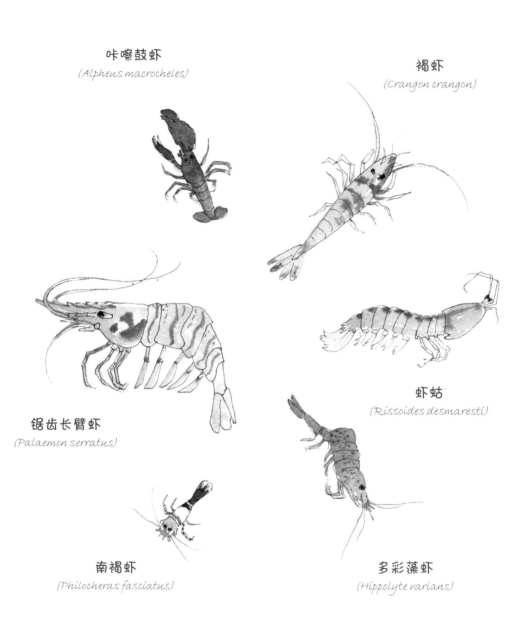

咔嚓鼓虾
(Alpheus macrocheles)

褐虾
(Crangon crangon)

锯齿长臂虾
(Palaemon serratus)

虾蛄
(Rissoides desmaresti)

南褐虾
(Philocheras fasciatus)

多彩藻虾
(Hippolyte varians)

六月份碎石滩上的开花植物

黄花海罂粟
(Glaucium flavum)

欧白英
(Solanum dulcamara)

百脉根
(Lotus corniculatus)

蓝蓟
(Echium vulgare)

夏

美食——蛤蜊意面

非常感谢米奇·汤克斯先生，因为他的允许，我才有幸从他的书《鱼》中得到了这个菜谱，在意大利这种美食常被叫作蛤蜊意面。面食本身操作起来非常简单，但是对我来说，蛤蜊意面是我吃过的面食中味道最美的。

制作量：2人份
3把上等意大利干面
2大捧蛤蜊
少计盐
100毫升优质橄榄油
2大瓣蒜，捣碎
1片月桂叶
1把新鲜的香芹，切碎
1个干红辣椒，剁成碎末
1个新鲜的西红柿，去皮
2大匙白酒
20克黄油
柠檬角，直接上桌

烧一大锅开水，放上一匙子盐，然后把干面下到水里。一边煮着面，一边来烹饪蛤蜊。

在平底煎锅里倒上油，文火加热，然后放入大蒜、月桂叶、一部分香芹、干辣椒和西红柿，把西红柿块在锅中压碎成糊状。

接着把蛤蜊放入煎锅中，然后不停翻炒，使蛤蜊上下翻动沾满汤汁。需要注意的是，不要把蒜炒煳了。

接下来，倒上白酒，再加点

香芹。把火稍稍开大，一直等到蛤蜊都开了口——蛤蜊会在锅中渗出大量的鲜汁。如果蛤蜊长时间还没有开口，要注意不能煳锅，稍稍点一点水，增加一下锅中的水气，有助于它们开口。剔除不开口的蛤蜊。

煮着的面稍稍翻动一下，防止面条粘到一起。挑起一根面尝一下，看看是否煮好了。面条不要煮得太软，不然吃起来就不"筋道"了。

关火，取下蛤蜊，把面条捞进去拌在一起，加上黄油再搅拌一下。配上柠檬角就可以上桌了。

鲣鸟

鲣鸟，即北方鲣鸟。体形硕大健美，这非常有利于它们钻入水中追捕猎物，从30米高空俯冲直下，入水速度达到100公里/小时——这种高度和速度使得它们比多数潜水鸟在水中的下潜深度更深。北方鲣鸟也是飞行健将，翅展长达2米，在入水之前的瞬间，翅膀收拢，紧贴在后背上。

全世界大约三分之二的北方鲣鸟都在英国筑巢繁殖，它们成群结队集聚在一起，通常选择位于海岸边的峭壁或者远离陆地的孤岛作为繁殖场所。有的鸟群数量可以达150,000只之多，每一对配偶一个繁殖季节只产一枚卵，雌雄鸟轮流照顾，孵化期在45天以上。雏鸟在蛋壳中发育完全后，需要用一整天时间来啄破厚厚的蛋壳才能见到这个世界。新出生的雏鸟对周围事物充满了强烈的好奇心，整日把父母折腾得团团转。北方鲣鸟繁殖区非常拥挤，巢穴密度一平方米达到3个，居住在群体中间的鲣鸟必须从邻居的巢穴旁挤过来或者从上面迈过来，才能走到峭壁边缘飞出去，这常常会引发群体骚乱和互殴的局面。

英国谚语：*像鲣鸟一样吃东西。*

形容那些不挑食，而且吃东西没够的人。

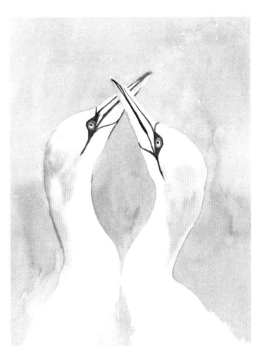

雏鸟破壳75天后，身材长得庞大无比，体重已经超过父母，虽然还飞不起来，但是到了离开巢穴的时候了。站在崖边充满信念的一跃，跌跌撞撞地落入海里，接下来的一个月它们有可能还是飞不起来，但是自此以后，它们必须自己照顾自己了。幼鸟在发育之初身体羽毛有褐色斑点，而不是通体白色，5年之后身体上的羽毛才会全部变成白色。雌雄鸟羽毛颜色看起来都是一样的。

鲣鸟没有外鼻孔——鼻孔在嘴里，这有助于它们在水下快速游动来追捕猎物。

夏

71

海胆

绿海胆
(Psammechinus miliaris)

食用正海胆
(Echinus esculentus)

拟球海胆
(Paracentrotus lividus)

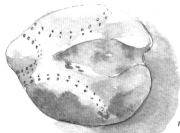

心形海胆
(Echinocardium cordatum)

紫蝟团海胆
(Spatangus purpureus)

海胆明显特征是有一个钙质外壳，叫作海胆壳。有些种类，比如食用正海胆（又名普通海胆），它们生长在岩石上，依靠海藻和小型贝类为食；还有一些种类，比如心形海胆（又名海

绿海胆
(Psammechinus miliaris)

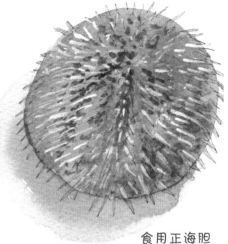

食用正海胆
(Echinus esculentus)

拟球海胆
(Paracentrotus lividus)

心形海胆
(Echinocardium cordatum)

紫蝟团海胆
(Spatangus purpureus)

土豆），是躲在海底泥沙中。海胆浑身的硬刺是一种防御武器。在硬刺之间还有很多叉刺（又叫棘刺），就如同花梗上的小托刺。硬刺在猎物身上刺出伤口，叉刺释放毒素。

夏

户外活动——佩尔曼记忆游戏

场景画面：夏季的某一天，湛蓝的天空，平静的海水，一望无际散落着贝壳的海滩，大伙儿游泳游累了，这时需要一个娱乐活动来放松一下。

首先找一些贝壳——如果海滩上没有鸟蛤，也没关系——只要是扁平的蛤蜊壳或者螺壳都可以，如果实在找不到贝壳，也可以找一些有平面的鹅卵石来代替。至少要找20块贝壳或者鹅卵石，其实数量凑够偶数就可以。用预先准备的彩笔在每块贝壳内表面涂上圆点、正方块、星形和长方形等不同的色块，每两块贝壳涂成一样的图案，如图。

把所有贝壳正面朝下随意摆在地上，每个人一次翻开两块贝壳，依次轮流进行。如果你翻开的两块贝壳图案一样，那么这两块贝壳就归你所有，而且你会获得再一次翻开贝壳的机会；如果你翻开的两块贝壳图案不一样，那么就需要把它们重新扣到地上。游戏过程中要尽量记住翻过的贝壳放到哪里了，是什么图案。游戏结束的时候，手里贝壳最多的人就是赢家。

七月菊科花朵

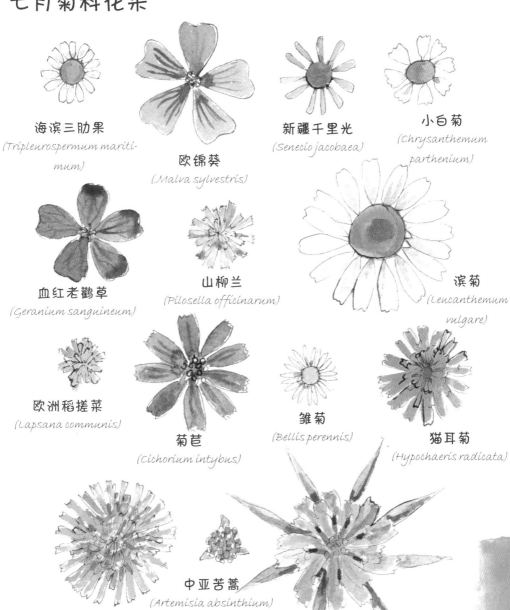

海滨三肋果
(Tripleurospermum mariti-
mum)

欧锦葵
(Malva sylvestris)

新疆千里光
(Senecio jacobaea)

小白菊
(Chrysanthemum
parthenium)

血红老鹳草
(Geranium sanguineum)

山柳兰
(Pilosella officinarum)

滨菊
(Leucanthemum
vulgare)

欧洲稻搓菜
(Lapsana communis)

菊苣
(Cichorium intybus)

雏菊
(Bellis perennis)

猫耳菊
(Hypochaeris radicata)

西洋蒲公英
(Taraxacum officinale)

中亚苦蒿
(Artemisia absinthium)

婆罗门参
(Tragopogon pratensis)

夏

几种常见的螃蟹

普通滨蟹
(Carcinus maenas)
宽8—10厘米

螃蟹一个显著特点是有一个坚硬的蟹壳，叫作背甲，这是它的外骨骼。有5对胸足，前面的一对最大，前端有螯。螃蟹需要蜕壳，这样才能不断进行生长，蜕壳时用力向后退缩，挣脱出来之后会留下一个完整的蟹壳，甚至包括蟹腮和一些多形炭角菌。

普通黄道蟹
(Cancer pagurus)
宽20—30厘米

天鹅绒梭子蟹
(Necora puber)
宽6—8厘米

普通寄居蟹
(Pagurus bernhardus)
宽3厘米

多刺蜘蛛蟹
(Maja squinado)
宽20厘米

夏

　　刚蜕壳的螃蟹叫作脱壳蟹，在更大的新蟹壳长成之前，它们很容易被食肉动物捕食。但寄居蟹与一般螃蟹特征迥异，它们根本没有蟹壳，而是依靠螺壳来保护自己，当身体增长了，就挪到一个更大的螺壳里面去。螃蟹卵黏附在母蟹腹部发育，直到孵化成幼蟹。孵化时间可能长达4个月，这个时期的母蟹叫作带卵蟹。

美食——法式乳蛋饼

非常感谢英国彭布鲁克郡海滨食品公司允许我引述了这个独特的美食制作方法。用到的紫菜饼可以是市面上卖的罐装紫菜饼，如果想自己制作，需要先去采摘一些紫菜。这种奇特海藻生长在退潮位处的礁石上。采集一公斤左右，用淡水冲洗几次，然后煮6个小时以上，或者用合格的烤炉烤一宿——最后得到的是黑乎乎的一摊黏稠物，就像一坨牛粪。庆幸的是，虽然不好看，但是海鲜味十足。

制作量：4 人份

制作油酥脆饼食料：
50克黄油
50克猪油
200克普通面粉
少许盐
凉水

做馅食料：
200克培根
200克紫菜
200克鸟蛤
2个鸡蛋
2个鸡蛋黄
200毫升奶油
盐和胡椒粉

一定要把冷冻的猪肉提前放在室温下保存，这样不至于冻得太硬用刀切不动，而且拌到面粉里之后能够很容易和面粉粘到一起。

把面粉倒进面盆里，加一点盐。把黄油和猪油分别切成小丁儿放进面盆，然后用刮刀搅拌将面和油混到一起，再用指尖把混了油的面团撕成像面包屑一样的小碎块。

然后往碎面屑里加凉水，用刮刀搅拌，注意加水要少量多次，每次只能加一点点。只要碎面都粘到了一起，就不能再加水了。搅拌结束，面盆四周要保持干干净净

的。然后放到冰箱里保持30分钟，这有助于面粉里的面筋和水发生反应，做出来的脆饼才会筋道，而且擀饼的时候也会省劲。

烤箱调到180℃预热。

先在面团上撒一层干面，擀面杖也用干面擦一下，然后在面板上把面团擀成3毫米厚的面饼。

把面饼放到一个直径30厘米的平底烤盘里，上面用烘焙油纸盖住，然后再在纸上压上厚厚的一层没煮过的烘焙豆，或者干豆子，或者干米粒，目的是烘烤过程中能压住面饼，保持原有形状。把烤盘放进烤箱中"盲烤"15分钟（译注：糕点制作中对不装馅的面饼进行烘焙称作盲烤——英文叫作blind bake），或者烤到面饼变成金黄色。

面饼放进烤箱盲烤的时候，可以空出时间来制作饼馅儿。把培根剁成小块，放进煎锅里小火加热，等到炸出油的时候，加入紫菜翻炒，把紫菜、培根和油汁搅拌在一起。等到培根肉和紫菜炒熟了（大约需要5分钟），关火，放到一边晾着。

把鸟蛤放进炒好的培根里，根据个人口味调一下味。

在碗里打上鸡蛋，搅散，然后加上奶油搅拌到一起。

把混在一起的鸟蛤、培根和紫菜放到烤好的面饼上，上面撒上搅拌在一起的鸡蛋和奶油，用叉子把这些馅混在一起，放进烤炉里烤30—40分钟左右。法式乳蛋饼就做好了。

趁热吃或者晾凉了吃都可以。

几种常见绿海藻

软毛松藻
(Codium tomentosum)

羽藻
(Bryopsis plumosa)

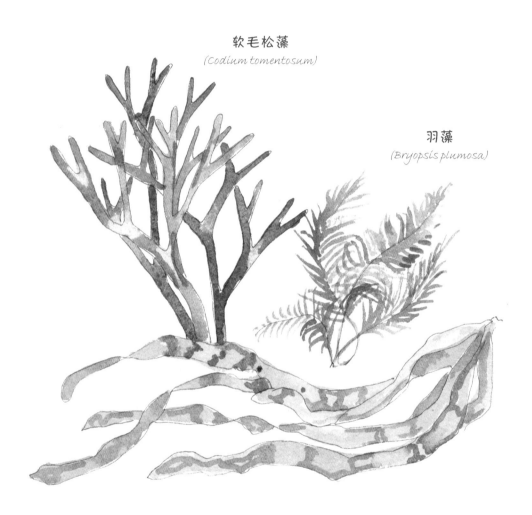

肠浒苔
(Ulva intestinalis)

线形硬毛藻
(Chaetomorpha linum)

肠浒苔
(Ulva intestinalis)

岩生刚毛藻
(Cladophora rupestris)

石莼
(Ulva lactuca)

柄溟菜
(Prasiola stipitata)

夏

七月开花植物

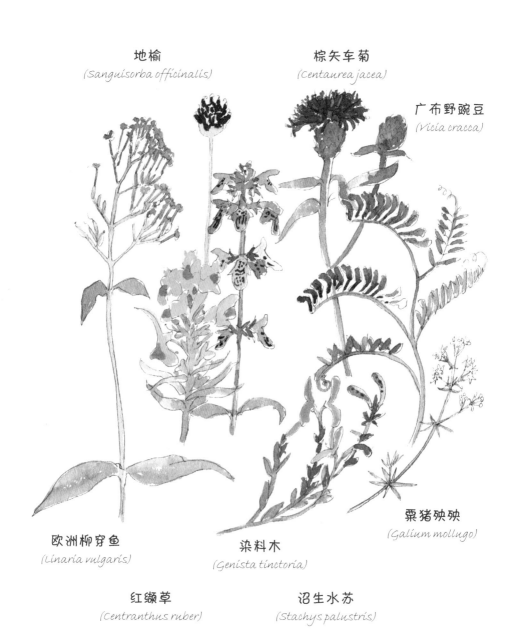

地榆
(Sanguisorba officinalis)

棕矢车菊
(Centaurea jacea)

广布野豌豆
(Vicia cracca)

欧洲柳穿鱼
(Linaria vulgaris)

染料木
(Genista tinctoria)

粟猪殃殃
(Galium mollugo)

红缬草
(Centranthus ruber)

沼生水苏
(Stachys palustris)

海边蛾类

黑夜蛾 (Cucullia absinthii)

三叶枯叶蛾 (Lasiocampa trifolii)

大戟天蛾 (Hyles euphorbiae)

小象天蛾 (Deilephila porcellus)

六星灯蛾 (Zygaena filipendulae)

柳毒蛾 (Leucoma salicis)

棕色白眉天蛾 (Hyles gallii)

斑亮灯蛾 (Arctia villica)

黄貂灯蛾 (Spilarctia luteum)

黄尾白毒蛾 (Euproctis similis)

夏

手工——儿童玩具：磁铁鱼

所需材料：
硬纸板，也可以用跟硬纸板感觉差不多的其他材料
金属垫片
几截绳子
磁铁
4—6根短竹竿

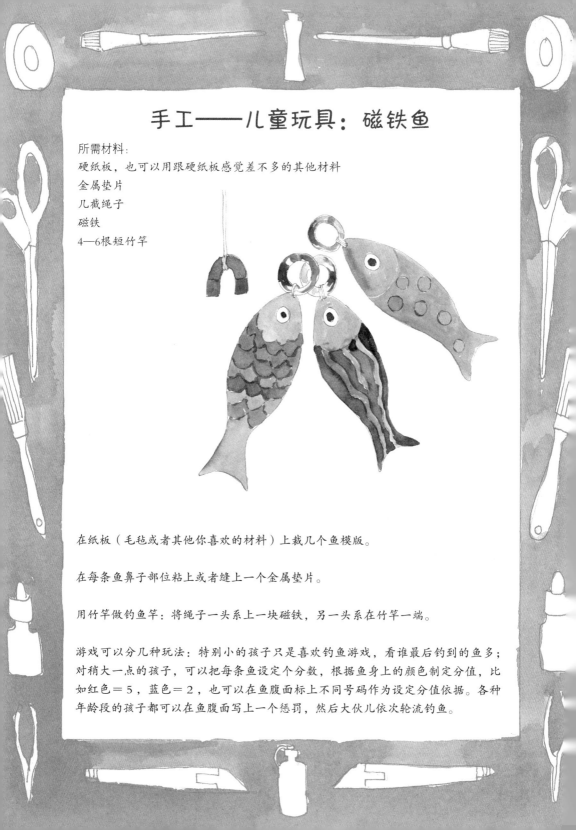

在纸板（毛毡或者其他你喜欢的材料）上裁几个鱼模版。

在每条鱼鼻子部位粘上或者缝上一个金属垫片。

用竹竿做钓鱼竿：将绳子一头系上一块磁铁，另一头系在竹竿一端。

游戏可以分几种玩法：特别小的孩子只是喜欢钓鱼游戏，看谁最后钓到的鱼多；对稍大一点的孩子，可以把每条鱼设定个分数，根据鱼身上的颜色制定分值，比如红色＝5，蓝色＝2，也可以在鱼腹面标上不同号码作为设定分值依据。各种年龄段的孩子都可以在鱼腹面写上一个惩罚，然后大伙儿依次轮流钓鱼。

短角床杜父鱼

短角床杜父鱼 （*Myoxocephalus scorpius*） 的长相非常恐怖，体长45厘米（约18英寸），体重可达1.5公斤（约3磅）。蝎子鱼是一个庞大的家族，全世界范围内分布着200多种，短角床杜父鱼只是其中一种。有些蝎子鱼毒性非常大，而分布在英国海域的两个种类是无毒的，但是它们有一个非常好的御敌法宝——浑身长满了坚刺。

短角床杜父鱼食欲非常强，见到什么吃什么，即使和它们个头一样大的鱼也不放过。体表无鳞，雌雄个体差异明显，雄性皮肤是红色，而雌性是橙色。

在英国水域仅发现一种杜父鱼——长棘杜父鱼 （*Taurulus bubalis*） ——二者长相相似，不过后者个头却小很多。

夏

北极海鹦

- 北极海鹦 (*Fratercula arctica*) 是海雀科的一员，它是一种迷人而且独具特色的海鸟。

- 常被人戏称为海洋小丑。

- 主要生活在远洋海域，只有繁殖季节才会来到岸上，成群结队，在杂草丛生的峭壁上筑巢产卵。

- 进入繁殖季节，它们的鸟喙变得鲜亮艳丽，惹人注目，但是到了冬季，鸟喙重新转为灰暗，失去光彩。

- 北极海鹦是游泳健将，用翅膀滑水，在水下"飞行"速度极快。

- 虽然它们主要在浅水区觅食，但是在海里它们能下潜到50米的深度，而极限深度可达60—70米，憋气时间长达5分钟之久，这源于它们肌肉中富含的肌红蛋白。

- 它们用嘴和爪子挖掘洞穴，在洞里面产卵，如果发现有野兔洞穴，它们会欣然地据为己有。

- 一对配偶一般会始终生活在一起，每年双双返回同一个洞穴。

- 北极海鹦身体上虽然有两个抱卵点（孵卵时身体和卵接触而且不长羽毛的部位，这样可以把热量更有效地传递给卵），但是每个繁殖季雌鸟只产一枚卵，由雌雄鸟轮流孵化。

- 北极海鹦主要食物是玉筋鱼。

- 北极海鹦嘴部边缘呈锯齿状，这有助于它们将头尾颠倒的玉筋鱼叼紧。

- 北极海鹦出去觅食平均一次捕捉10条玉筋鱼，不过有一个令人称奇的纪录是一次叼回了60条玉筋鱼。

- 作为一种小型鸟类，北极海鹦算是长寿鸟了，最长寿纪录是在挪威罗斯特群岛上观察到的一只北极海鹦，活了41年之久。与人类不同的是，从体貌特征上，很难看出它们的老幼差别，所以对于老年北极海鹦很难定位跟踪。

夏

海边蝴蝶

女神眼蝶
(Hipparchia semele)

金堇蛱蝶
(Euphydryas aurinia)

红点豆粉蝶
(Colias crocens)

钩粉蝶
(Gonepteryx rhamni)

黄星绿小灰蝶
(Callophrys rubi)

豹弄蝶
(Thymelicus acteon)

加勒白眼蝶
(Melanargia galathea)

普蓝眼灰蝶
(Polyommatus icarus)

毛眼蝶
(Lasiommata megera)

潘非珍眼蝶
(Coenonympha pamphilius)

莽眼蝶
(Maniola jurtina)

庆网蛱蝶
(Melitaea cinxia)

夏

美食——鲛鳒鱼肉卷

晴朗夏日夜晚的海边，此时此地如果来一次野餐，那下面为你推荐的这款食物就派上了大用场。鲛鳒鱼肉卷属于墨西哥口味，做起来有点费事，但是每个品尝过的人都觉得物有所值。需要用到的墨西哥风味烤豆酱可以在家里事先做好，放在冰箱里随用随取。

制作量：6人份

制作面皮所需材料：
6块鲛鳒鱼排（或者500克鲛鳒鱼的鱼尾肉，切成鱼排）
一定量的哈瓦那辣椒酱（参看下页制作方法）
1罐墨西哥风味烤豆酱
6个玉米薄饼
150克鳄梨酱
一大把香菜
2个酸橙，用原汁

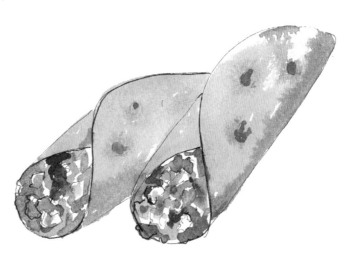

生火预热一下烧烤炉。
把鱼排刷上一点哈瓦那辣椒酱，然后放在烧烤炉上每面烤3—5分钟。
把烤豆酱在野外便携式火炉上热一下。
每个玉米饼上放一块鱼排、一块烤豆酱、一点鳄梨酱、少许香菜，再挤点酸橙汁，辣椒酱放多少根据自己喜好。
烧烤算子预热到中等热度。

制作哈瓦那辣椒酱：

1个哈瓦那辣椒（如果你特别喜欢吃辣，可以来 2个）

2个大个胡萝卜，去皮，切成4厘米的小块儿

1个黄皮葱头，去皮，切成八瓣

3瓣大蒜（不剥皮）

2汤匙橄榄油

1茶匙糖

2茶匙盐，口味重可以多加点 一把香菜叶

2个酸橙，用原汁

60毫升苹果醋（如果觉得不够再加点）

60毫升水（也可以多一点）

盐

把胡萝卜、洋葱和大蒜放进一个有边沿的烤盘里，淋上橄榄油，所有蔬菜都沾上油，再撒上盐和糖。

放到烧烤箅子上烘烤，直到蔬菜变软而且有微微烤焦的感觉，其间要时不时地上下翻转一下方向。按蔬菜种类随烤随把烤好的取下来，注意胡萝卜肯定是烤得时间最长的（需要15—20分钟）。

烤好的蔬菜放在一边晾着，把辣椒放进耐高温的蒸煮袋里，然后放在沸水上蒸大约10分钟，戴上手套把每个辣椒皮小心地剥掉。

剥掉大蒜的外皮，随其他晾凉的蔬菜一起放进带有钢制刀片的食物搅拌机里，再加上香菜和酸橙汁，按压搅拌机的"点动"开关，把里面所有的东西都细细打碎。搅拌过程中要把粘在搅拌容器侧壁上的蔬菜不断刮下去。打碎之后，边搅拌边倒入水和醋，搅拌成均匀的稠糊。

根据自己喜好，可以再多加点水或者醋，调成浓稠的酱状。加盐，边调边尝一下，调到自己喜欢的口味。

把做好的辣椒酱装进一个密闭容器中，放在冰箱里保存，等吃的时候再拿出来。

鲭鱼

　　鲭鱼 （*Scomber scombrus*） 非常漂亮，很像热带观赏鱼，夏季在英国海域属于一种常见的鱼类，很受垂钓者们的喜爱。体长可达45厘米，重达2公斤。流线型身体有助于它们快速游动，追捕那些小型鱼类和玉筋鱼。其实在欧洲水域中，鲭鱼是速度最快的鱼类，它的游动速度非常惊人，短短10秒之内可以游出50米的距离。

英国谚语：*天上出现鲭鱼鳞，赶紧收帆避风雨。*

译注：意思是天上出现卷积云（样子像鲭鱼鳞），预示着暴风雨即将来临。

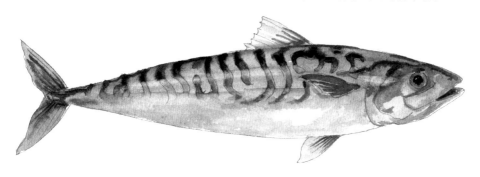

用五彩羽毛、发光诱饵或者旋转诱饵，站在岸上就能钓到鲭鱼；如果水很深，用一根带有饵钩的手钓鱼线也可以捕到鱼。如果用五彩羽毛和发光诱饵，一根线上可以系6个鱼钩，因为鲭鱼会经常在浅海的地方游来游去，所以你可能会一下子钓到6条鱼。

老天保佑我可以一辈子以打鱼为生，

在我行将就木的时候，撒下最后一次网之后，我会非常虔诚地祷告。

老之将死的我既然成了上帝的网中之鱼，希望可以安然睡去。

仁慈的主啊，上帝或许认为我是个好人而把我留在天堂。

——佚名

夏

滨海刺芹和欧洲补血草

欧洲补血草
(Limonium vulgare)

滨海刺芹
(Eryngium maritimum)

河口地带常见的开花植物

海大戟
(Euphorbia paralias)

盐角草
(Salicornia europaea)

毛滨藜
(Atriplex laciniata)

盐滨藜
(Halimione portulacoides)

拟漆姑
(Spergularia marina)

裸花碱蓬
(Suaeda maritima)

夏

95

手工——流木海马雕塑

海马模样奇特，但是轮廓却很简单，所以用流木制作雕塑，海马形状是最佳选择。

所需材料：
大量长短不一的直的流木块
一大块纸板
一小卷透明胶带和绳子（用作挂绳）
热熔胶枪

在纸板上画一个海马轮廓，别画太小了——
上下长度在70厘米左右，或者再大点。
在离纸板上缘30厘米的地方，横着粘上两条透明胶带，然后钻两个小孔。把绳子两端分别从两个小孔中穿过，并系在一起——雕塑制作完后，可以用这个绳子把自己的杰作挂到墙上。
把海马从纸板上剪下来，然后把流木块整齐地码放在上面。这个时候如果发现自己准备的流木块不够用，那就只好缩小雕塑的尺寸了。
从最上面开始，用热熔胶枪把木块依次粘在模板上。
随便找一个合适的东西当作眼睛——最好用一个带孔的帽螺壳，然后孔里放一个小海螺壳，其实用一块鹅卵石效果也不错。

扇贝

大海扇蛤
(*Pecten maximus*)

风向标扇贝
(*Mimachlamys varia*)

虎皮海扇蛤
(*Palliolum tigerinum*)

白杂色扇贝
(*Mimachlamys varia nivea*)

扇贝是一大类海生双壳类，分布在世界各大海洋里，但是淡水里从未发现过。可食用，味道鲜美。两片贝壳形状略有不同，一片稍微扁平一些，另一片则更鼓一些，通常扇贝都是平面朝下。通过张开两片贝壳然后快速闭合的方式，扇贝可以推动自己做跳跃式移动。

夏

玉筋鱼

　　在英国沿海水域，广泛分布着两种玉筋鱼：**鳞柄玉筋鱼** （*Ammodytes tobianus*）
和**尖头富筋鱼**(*Hyperoplus lanceolatus*)。这两种玉筋鱼非常相似，而且它们在英国的
南部地区都要比北部地区更常见一些。

　　玉筋鱼是海洋中掠食动物的一个非常重要的食物来源，包括多种鸟类和鱼类。玉
筋鱼体形很小，如同鳗鱼一样成群结队地在海里游动。它们在沙质海底洞穴里越冬，
除了12月和来年1月出来产卵之外，整个冬季基本不会出现。它们最活跃的觅食时间
是4月到9月，在这期间它们白天出来，采食浮游生物和小型鱼类。

苹蚁舟蛾

苹蚁舟蛾 (**Stauropus fagi**) 和海洋一点关系也没有，但是因为其幼虫形体和龙虾大概有些相似，所以英文名字被称作Lobster Moths（龙虾飞蛾）。苹蚁舟蛾属于庞大蛾类家族中的一员，身体颜色呈深灰褐色，体表被毛。幼虫有很长的前足（称为真足），当遇到危险的时候，通过摆动长长的前腿来把自己伪装成蜘蛛。如果敌人没有被吓跑，它还有第二道防线——喷射蚁酸。

匐枝芒柄花

匐枝芒柄花 (**Ononis repens**) 属于豆科植物，匍匐生长，非常漂亮，喜欢生长在海边地区。比其他豆科植物花期稍晚，一般在 7 月至 9 月间。

夏

99

秋

鳎，还是小头油鲽？

鳎

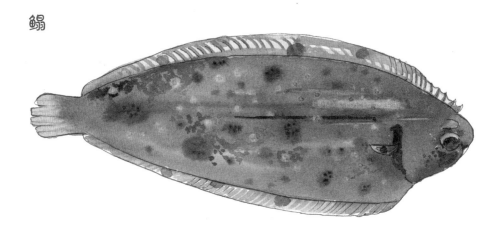

- 学名：*Solea solea*
- 鳎也叫宝宝鱼或者皇帝鱼。
- 体长可达3英尺，体重可达7磅，但是多数体重在1—2磅之间。
- 在岸上就能钓到这种鱼。
- 食物包括海生蠕虫、对虾和无脊椎动物。
- 两只眼睛都位于头部右侧，椭圆形，尾鳍很小。
- 生活在沙质和碎石海底。
- 冬季洄游到深水区生活，但是回到浅水区采食和产卵。
- 白天不活动，多在夜间觅食。

　　19世纪伦敦居民对鳎需求量巨大，当时有专门的运送欧鳎的马车，一天内从多佛港口到首都伦敦需要来回运送好几趟。

小头油鲽 (*Microstomus kitt*)

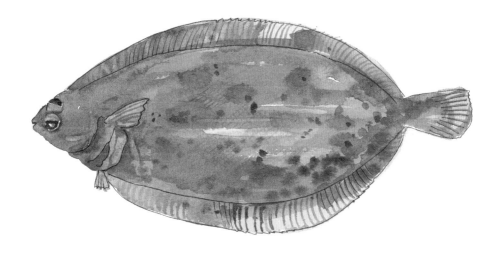

- 学名：*Microstomus kitt*
- 体长可达2英尺长，体重可达7磅。
- 在岸上一般不会钓到这种鱼。
- 食物包括海生蠕虫、对虾、蟹和贝类。
- 两只眼睛都位于头部左侧，椭圆形。腹部白色，体表有黏液。
- 生活水域比鳎要深，一般在200米的深度。

　　小头油鲽英文名字是Lemon Sole（柠檬鲽鱼），有关它的英文名字的由来有多种说法。一种说法是这种鱼的体形很像一个柠檬；也有人认为可能出自法语词"limon"，意思是"泥沙"。

秋

白尾海雕

　　在英国霸气十足的**白尾海雕**（*Haliaeetus albicilla*）是体形最大的猛禽。头和颈部羽毛呈灰白色，随着岁月增长几近变成白色，成年雕尾羽白色。双翅伸展长度惊人，可达2.45米。20世纪早期白尾海雕在英国濒临灭绝，现在分布在苏格兰西海岸的白尾海雕来自欧洲大陆，是以前欧洲大陆从拉姆岛（Rhum）引进的。

　　白尾海雕在5岁的时候结成伴侣，属于严格的一夫一妻制，但是如果一方发生了意外，另一方会再找一个伴侣。巢穴巨大无比，在树上用树枝搭建而成，而且通常会年复一年地使用。

　　暴雪鹱是它们最喜欢猎食的对象之一，有时候也会吃腐尸。但是白尾海雕的主要食物来源还是鱼类，它们是捕鱼能手，不论在狭长海湾还是宽阔海面上，沿水面超低空飞行，看见有露出水面的鱼，就会用一只爪子一下抓住，然后飞到空中，它们常常还在飞行途中就开始品尝美餐了。

手工——流木枝状烛台

首先需要找几块奇形怪状的流木，木头越扭曲越好。制作的烛台可以随意定个尺寸，上面插放的蜡烛数量也是随意的——但是一定要确保底座非常牢固之后，才能在上面点燃蜡烛。

需要材料:
流木
几个罐头瓶盖（直径在 5 厘米左右），每个中间位置打个孔，当作蜡烛底座
0.5 厘米的螺丝钉
喷胶枪（或者使用超强力胶水，小心不要粘到别处）
水平仪
小型手锯
塑料木填料
螺丝刀
无烟茶蜡

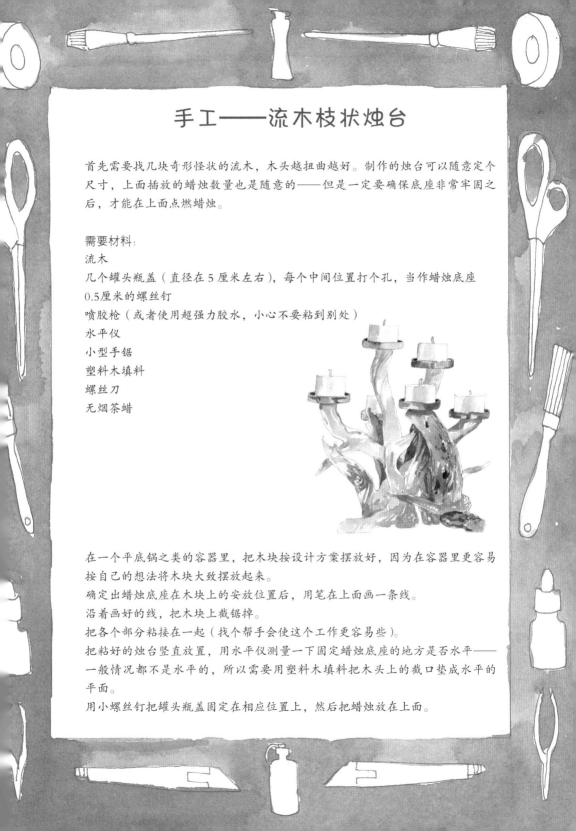

在一个平底锅之类的容器里，把木块按设计方案摆放好，因为在容器里更容易按自己的想法将木块大致摆放起来。
确定出蜡烛底座在木块上的安放位置后，用笔在上面画一条线。
沿着画好的线，把木块上截锯掉。
把各个部分粘接在一起（找个帮手会使这个工作更容易些）。
把粘好的烛台竖直放置，用水平仪测量一下固定蜡烛底座的地方是否水平——一般情况都不是水平的，所以需要用塑料木填料把木头上的截口垫成水平的平面。
用小螺丝钉把罐头瓶盖固定在相应位置上，然后把蜡烛放在上面。

蒲公英"果球"

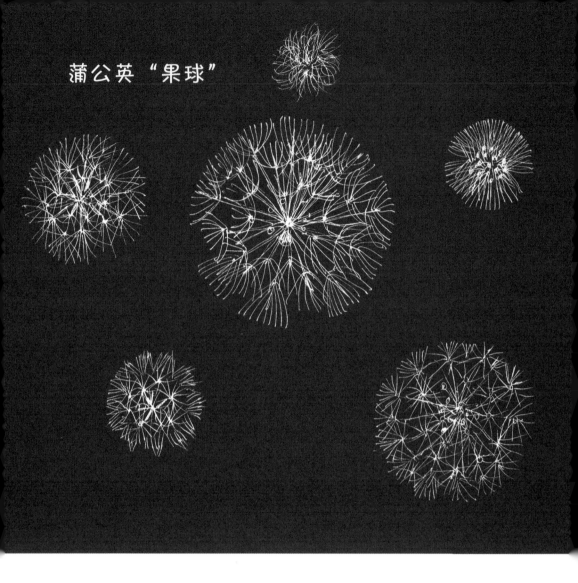

从上到下，按顺时针方向：

欧洲苣荬菜 *(Sonchus arvensis)*
山柳兰 *(Pilosella officinarum)*
西洋蒲公英 *(Taraxacum officinale)*
猫耳菊 *(Hypochaeris radicata)*

粗糙还阳参 *(Crepis biennis)*

中间：

婆罗门参 *(Tragopogon pratensis)*

贝氏隆头鱼

贝氏隆头鱼（*Labrus bergylta*）体长可达1米，体重可达5公斤，但是通常多数个体的体重只有1公斤左右。太小的隆头鱼禁止捕捉，规定最小禁捕长度是23厘米。英国岛屿周围多岩石的近海水域是贝氏隆头鱼经常光顾的地方。它们的食物包括多种贝类和甲壳动物，因为有厚厚的嘴唇和锋利的牙齿，所以它们能够把附着在岩石上的猎物咬下来。

它们在岩石缝中搭建巢穴，并且誓死保卫自己的家园。幼鱼发育迟缓，要到6岁才能进行交配繁殖。卵孵化需要几周的时间，开始孵化出来的幼鱼都是雌性，经过几年的生长有一部分个体转变为雄性。

贝氏隆头鱼上颌骨（也就是咽齿）形状类似于一个"十"字，所以称作"贝氏十字骨"。如果想见识一下贝氏隆头鱼，你可能需要去一趟英国的马恩岛（Isle of Man），这种鱼在那里非常普遍。猎食对象包括贻贝和甲壳动物，捕到猎物后它们先用颌骨（贝氏十字骨）把猎物压碎。

民间流传着许多有关贝氏隆头鱼的传说，据称，如果找到一块贝氏十字骨，你就可以获得一种超能力。它可以保护你免受小人的暗算；携带在身上你就不会犯错误，而且永远不会迷路。也许过去渔民对这些传说更加迷信，他们身上佩戴着贝氏十字骨，期盼自己在出海的时候不会溺亡，可以得到保佑，平安回来。

秋

美食——泰红咖喱淡菜汤

非常感谢莎拉·雷文女士,有幸从她的著作《献给朋友和家人的美食》中,把淡菜的这个辛辣做法介绍给大家,这个做法一般不太常见。这道菜肴美味可口,作者建议配着椰子香菜米饭一起吃,味道更佳。

制作量: 4—6 人份

1.5公斤贻贝

3汤匙橄榄油

1颗洋葱,细细剁碎

1瓣大蒜,细细剁碎

3厘米厚的鲜姜块,去皮剁成姜末

1根香茅草,切成薄片

2汤匙泰红咖喱酱

2茶匙红糖

350毫升鱼汤或者蔬菜汤

100毫升白酒

2茶匙鱼酱(可选)

一小把鲜罗勒叶或者香菜,剁碎

1个柠檬,挤原汁

用凉的流水清洗贻贝,把壳破碎的或者有裂缝的挑出去,揪掉壳上面的足丝。

用一个耐高温的大砂锅倒上油加热,放进洋葱、大蒜、姜末和香茅草,轻炒3—4分钟,接着放入咖喱酱,搅拌直到炸出香味,然后放入糖、高汤、白酒和鱼酱(根据需要),继续加热蒸煮。

把火调小,放进贻贝,用盖子盖上砂锅,小火炖煮5—6分钟。关火,剔除没有开口的贻贝。

边搅拌边加入柠檬汁和大约一汤匙香菜末,最后在贻贝表面再撒上一点香菜末。

海龙鱼

尖海龙
(Syngnathus acus)

海马
(Hippocampus hippocampus)

蚓形裸胸海龙
(Nerophis lumbriciformis)

金海龙
(Entelurus aequoreus)

　　海龙鱼一个显著特点就是在繁殖过程中雌雄鱼角色的互换。雌鱼把卵产在雄鱼的育仔囊里，雄鱼授精后还要负责孵化，直到幼鱼发育完全。即使幼鱼从雄鱼体内出来了，如果一旦遇到危险，它们还会一窝蜂地躲回到育仔囊里。一条雌鱼可能会把卵产在不同雄鱼的育仔囊里，而一条雄鱼也可能会接受不同雌鱼的卵。

　　多数海龙鱼的长相都跟蛇的样子很像，游动方式也跟蛇类似，但实际上它们和海马属于同科动物，只不过身体变得细长了而已。在英国海域，海龙鱼大约有6个种类，其中体形最大是尖海龙，体长达到60厘米。

　　海龙鱼猎食海里微小的浮游生物和刚孵化的仔鱼，用长长的管状嘴把猎物吸进体内。它们没有牙齿，上下颌骨长在一起，但是这丝毫不影响它们自如地进食，不喜欢的东西会统统吐出来。

秋

海豚，还是鼠海豚？

海豚和鼠海豚都属于海生哺乳动物，都会给幼崽喂奶，它们用奶水哺育后代。6岁之前，幼崽会一直跟着母亲。它们在动物王国中都属于高智商动物，而且被认为是为数不多的能在镜子里认出自己的哺乳动物之一。

海豚（*Delphinus delphis*）体长达到3—5米，群居生活而且群体规模庞大，寿命长达50年。额头隆起像鸟喙，背鳍前端弯曲如钩，嘴里有锋利的牙齿。它们相比于鼠海豚显得更友好，经常会在船舶附近跳跃玩耍，发出的叫声人类可以听见。

海豚

鼠海豚

鼠海豚（*Phocoena phocoena*）体长达2米，群居生活，群体数量在2—20只之间，比较常见的是4只鼠海豚组成的群体。寿命在12年左右，吻部圆滑，背鳍前端平直，牙齿比海豚更加扁平呈片状。因为鼠海豚除了呼吸很少会浮到海面上来，所以不太容易被发现。鼠海豚浮到水面的时候会发出一种"咔咔"的独特叫声，所以英文又把鼠海豚叫作"puffin pig"（意思是海雀猪）。

海豆子

各种各样的热带豆类因为具有坚硬的表皮，可以在海面上一直漂荡数年，偶尔有些会被冲到欧洲大陆的海岸上，下面列举一些海滩上可能会看到的豆类。

无刺甘蓝豆

这种灰色豆子是**无刺甘蓝豆**（*Andira inermis*）树上结的种子，这种树生长在印度西部和美国中南部地区。

马眼豆（又名汉堡豆）

马眼豆是一种热带红豆属（*Ormosia*）植物，是一种具刺结荚藤本，这些种子从大西洋对岸横渡过来或者从西非向北漂流到了这里。

海心豆

是**羊蹄甲**（*Bauhinia glabra*）的巨大果实。正因为发现了一粒海心豆才鼓舞了哥伦布对西方新大陆的探索。

藻苔藓虫

虽然长得很像一团海藻，但实际上**藻苔藓虫**（*Flustra foliacea*）是一种群居动物，它们只生活在近海水域，附着在岩石或者贝壳上。沿着海岸线很容易看见，有时是很大一堆，鲜活的时候会散发出一种非常明显的柠檬味道。

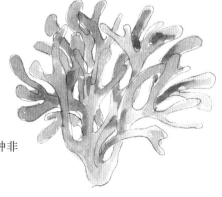

秋

手工——流木枝状吊灯

需要一个固定在屋顶电线出口处的挂钩，用来悬挂这个手工吊灯。吊灯制作非常简单，难点在于如何找到足够多的细长木条——因为需要的木条数量要远超过你的预想。

所需材料：
大量细长的流木条
水和漂白粉
带有小钻头的电钻
一卷细的手工金属线
一个圆环支架，圆环直径45厘米
几根绳子或者线

首先水里放上漂白剂，把木条放进水里浸泡——一方面是为了杀死木条中潜在的害虫，同时经过漂白之后，木条颜色会变成浅色，外观更加好看。

在每根木条的顶端钻个小孔。

金属线依次穿过每个木条小孔，然后把串到一起的木条分别绑到圆环支架上；也可以用长度相同的金属线分别将几根木条串在一起，然后再固定在圆环支架上。捆绑木条的时候，尽量把木条挤得紧一些，所以把圆环支架放在一个凳子或者箱子上会更容易操作，这样可以使捆绑好的木条自然下垂。

长一些的木条绑在圆环支架里圈，吊灯会更好看一些。

用4根绳子或者线，按等间距拴在圆环支架外圈上。4根绳子长度要一样，上端系在一起，吊灯就完成了。最后把它挂到屋顶的挂钩上。

海藻树

粉海扇珊瑚
(Eunicella verrucosa)

海藻树实际上是**粉海扇珊瑚**（*Eunicella verrucosa*），位于深海水域。在有生命的时候，表面聚集着像海葵一样的粉色珊瑚虫。在死亡或者失去附着力之后，它们会逐渐漂向海岸，最后被冲到海滩上。只有通过那些残留的像木材一样的内芯，我们才能辨别出它们。

秋

欧洲螯龙虾

- **欧洲螯龙虾**（*Homarus gammarus*） 在整个欧洲海域都有分布。

- 喜欢生活于深度在10—50米的岩质海床上。

- 体长可达到1米，体重可达7公斤，但是多数个体长度在30—50厘米之间。

- 有4对足，1对螯钳，长有突起的眼睛和长长的触角。

- 一对螯钳长度不同，一个是用来抓住和挤压猎物，另一个用来切割猎物。

- 身体淡蓝色，蒸煮以后变成鲜红色。

- 夜间采食，遇到什么吃什么，包括死鱼、海星和海生蠕虫。

- 常年进行繁殖，雌龙虾把卵携带在身体腹部下面——这段时期，称之为"带卵龙虾"。

- 捕捞工具有捕虾篓或者虾笼。

龙虾经过蒸煮之后颜色发生显著改变，这与甲壳动物体内含有一些特定化学物质有关系，这些物质遇热会发生化学反应。龙虾和螃蟹甲壳中都含有一种色素，叫虾青素。虾青素是一种类胡萝卜素，能够吸收蓝光而本身呈现出红色、橙色或者黄色。当龙虾活着的时候，虾青素与一种叫作甲壳蓝蛋白的蛋白质相结合，因为被蛋白质包裹，虾青素失去了吸光特性，所以龙虾呈现出蓝黑色。但是加热以后，甲壳蓝蛋白结构被破坏而失去活性，释放出了虾青素，从而使龙虾表现出虾青素的红色。

秋

牡蛎

到目前为止，英国海域发现两种牡蛎：**欧洲平牡蛎**（*Ostrea edulis*）和**长牡蛎**（*Crassostrea gigas*）。现在人们都认为是天主教徒推动了英国人吃牡蛎的热情。以前人们都是把牡蛎煮熟了，而且通常是作为烹饪鸡肉的填料。到了19世纪中期，牡蛎开始流行起来，仅仅伦敦一座城市一年的消耗量就高达7亿只。到了20世纪，因为过度捕捞，给牡蛎产业带来了巨大打击。作为一种补救手段，英国1965年引进了**葡萄牙牡蛎**（*Crassostrea angulata*）。在英国，传统上吃牡蛎的时间是在英文名字里带有"R"的月份。因为盛传牡蛎具有壮阳功效，所以今天它已经成为一种奢侈海味了。

撬开牡蛎壳

牡蛎好吃壳难开。这里面有个小窍门，预备一把牡蛎刀，这种刀非常结实，是经过专门设计的。把左手（指右撇子的人）用毛巾或者抹布缠上，或者戴上一只橡胶手套，因为刀具很容易打滑，所以先把手保护起来。把牡蛎平面朝上放在桌上，然后用包裹住的左手握住牡蛎。

刀把倾斜，用刀尖从牡蛎壳尖端插进两壳之间的缝隙里。

转动刀把，然后将刀刃沿着上壳横着滑动，这是为了切断牡蛎的闭壳肌。

扔掉撬下来的上壳。

刀刃再插到牡蛎肉底下，沿着下面壳横着滑动，切断连着下壳的闭壳肌。

现在就可以准备吃了。在牡蛎肉上挤点柠檬汁，有人喜欢在上面滴两滴塔巴斯哥辣酱油——随便咋样都行，只要能尽情享受到货真价实的海味就可以。

手工——制作贝壳钟表

这个手工虽然需要收集大量贝壳，但是完成之后你就会有个传家宝了。可以从小商品市场直接购买一个专用的手工表盘，因为它的边缘规整美观，电池驱动的表芯在工艺品商店也能找得到。

所需材料：
大量贝壳，其中至少要有12个贻贝壳
一块圆形纤维板或者胶合板
一块电池驱动的钟表机芯
指针
热熔胶枪和胶
圆规

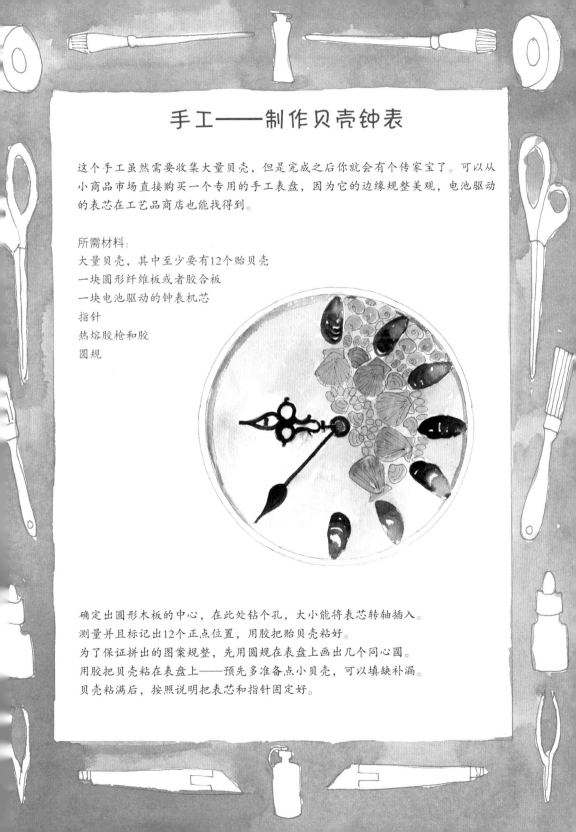

确定出圆形木板的中心，在此处钻个孔，大小能将表芯转轴插入。
测量并且标记出12个正点位置，用胶把贻贝壳粘好。
为了保证拼出的图案规整，先用圆规在表盘上画出几个同心圆。
用胶把贝壳粘在表盘上——预先多准备点小贝壳，可以填缺补漏。
贝壳粘满后，按照说明把表芯和指针固定好。

海域和海洋天气预报

英国海洋天气预报由国家气象局负责制作，BBC电台播报，每天四次，范围包括地图上显示的31个海域。这种预报服务始于1861年，因为1859年一艘名为"皇家查特号"的蒸汽船在海上遇到风暴沉没了，为了防止不再有船舶遭遇不测，后来由罗伯特·菲茨罗伊海军中将引进并设立了航海预警服务。他最开始在英国周围海岸设立了13个观测点，观测点获得的数据通过电报发送给伦敦，而对于暴风预警则通过悬挂在海岸检测站的一整套锥形设备直接发布出去。

现在的预报资料搜集渠道多种多样，有雷达和卫星，还有设立在沿海岸边的观测站。因为播发稿件必须限定在350个词之内，所以都是以一种特定格式发布。

下面列举一条有代表性的预报案例："道格湾。南风4级转6级到暴风8级，较晚转西南风。大浪或者巨浪。有雨。中等或者差。"

翻译过来就是："道格湾"指海域位置；"南风4级转6级到暴风8级，较晚转西南风"指风向和风力；"大浪或者巨浪"，指海面状况；"有雨"，指天气状况；"中等或者差"，指能见度。

另外，还有一些民间谚语可以用来参考：

盐粒相粘重量沉，不久以后雨来临。

海鸥、海鸥落岸上，天气变坏没商量。

西风鱼儿易上钩，
东风鱼儿没影踪，
北风要在家中留，
南风鱼成囊中物。

冰岛东南部海域

法罗群岛海域

贝利海域

费尔岛海域

维京湾海域

乌特瑟北部海域

乌特瑟南部海域

赫布里底群岛海域

克罗默蒂海域

福斯海域

福蒂斯海域

费希尔海域

罗卡尔岛海域

马林海域

泰恩河畔海域

道哥湾海域

德国湾海域

爱尔兰海域

汉博海域

香农海域

法斯耐特海域

兰迪岛海域

泰晤士海域

多佛海域

索尔海域

普利茅斯海域

波特兰海域

怀特海域

菲尼斯泰尔海域

比斯开湾海域

秋

119

蒲福氏风级

　　蒲福氏风级是由弗朗西斯·蒲福先生在1805年设计发明的，用来描述风速和海洋状况。蒲福先生把环境条件进行了标准化，例如所谓"和风"实际上指风力在13—17mph之间，而不是简单靠一个人感觉来对风强度进行分类。

　　19世纪30年代，蒲福氏风级成为英国皇家海军舰队的测量标准。

风级	风速（公里/小时）	风速（英里/小时）	船航速（节）	风力名称	海面状况	风详细说明
0	<1	<1	<1	无风	平静	烟垂直向上
1	1–5	1–3	1–3	软风	平静	烟有飘移
2	6–11	4–7	4–6	轻风	波纹柔和	人脸感觉到风吹，树叶有响声
3	12–19	8–12	7–10	微风	细小波浪	树叶和小树枝有晃动
4	20–28	13–18	11–16	和风	小至中浪	吹起地面灰尘和纸张
5	29–38	19–24	17–21	劲风	中浪	小树有摇摆，内陆水面起波纹
6	39–49	25–31	22–27	强风	中至大浪	大树枝摇摆，电线有呜呜声，持伞困难
7	50–61	32–38	28–33	疾风	大浪	全树摇摆，风中步履维艰
8	62–74	39–46	34–40	大风	大浪至非常大浪	小树枝折断，人几乎无法行走
9	75–88	47–54	41–47	烈风	非常大浪至巨浪	一些不结实的建筑有损坏
10	89–102	55–63	48–55	狂风	巨浪	大树连根拔起，建筑物被破坏
11	103–117	64–72	56–63	暴风	非常巨浪	造成大范围破坏
12	118+	73+	64+	飓风	非常巨浪至极巨浪	灾难性破坏

手工——制作鱼形风筝

在日本，5月4日是儿童节，这一天有个传统，家里所有男人都要放鲤鱼风筝。风筝用棉布做材料，形状像鱼。风筝虽然制作简单，但是每个人都在制作过程中获得了快乐。整个下午孩子们都在轻松愉悦的游戏中度过，他们可以用牛皮纸，或者包装纸，抑或报纸来制作各种纸风筝——所用方法就是下面将要介绍的，但是这里是用胶水粘而不是用针线缝制。风筝制作好后可以挂在树上，或者挂在屋子里当装饰，如果想放飞，需要把它们拴在一根木棍上拽着跑。

所需材料：
几块旧的床单或者轻薄丝织物
布料染色剂或者丙烯染料
毛条或者能掰弯的铁丝
结实的线绳
木棍

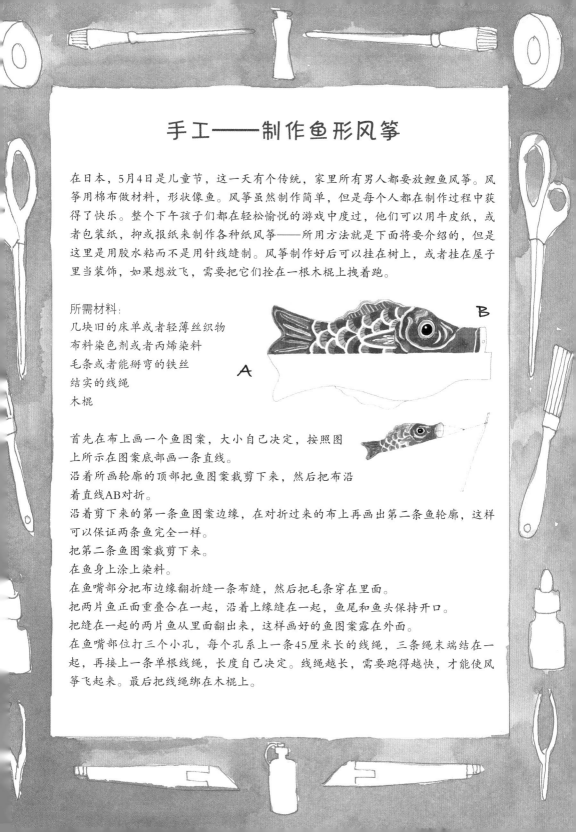

首先在布上画一个鱼图案，大小自己决定，按照图上所示在图案底部画一条直线。
沿着所画轮廓的顶部把鱼图案裁剪下来，然后把布沿着直线AB对折。
沿着剪下来的第一条鱼图案边缘，在对折过来的布上再画出第二条鱼轮廓，这样可以保证两条鱼完全一样。
把第二条鱼图案裁剪下来。
在鱼身上涂上染料。
在鱼嘴部分把布边缘翻折缝一条布缝，然后把毛条穿在里面。
把两片鱼正面重叠合在一起，沿着上缘缝在一起，鱼尾和鱼头保持开口。
把缝在一起的两片鱼从里面翻出来，这样画好的鱼图案露在外面。
在鱼嘴部位打三个小孔，每个孔系上一条45厘米长的线绳，三条绳末端结在一起，再接上一条单根线绳，长度自己决定。线绳越长，需要跑得越快，才能使风筝飞起来。最后把线绳绑在木棍上。

云的种类

卷积云

出现在5,000—13,000米高空，成排的云朵呈小块团状。如果天空布满了卷积云，称之为鲭鱼天，因为满天云彩有点像鱼鳞。这种云在冬天比较常见，预示此后几天都是晴天，而且很冷。

卷云

云朵纤细如丝，出现在5,000—13,000米高空，是各类云中位置最高的。有时也叫马尾云。由微小冰晶构成，能形成彩虹。

高层云

属于中云族，空中位置2,000—7,000米，通常会布满整个天空，有时透过高层云仍能看见闪耀的阳光。在雨层云形成之前容易先出现

高层云，如果高层云中有雨滴落到地面上，那么它就应归类为雨层云。

层云

这类云没有具体特征，通常布满整个天空，灰色云层没有明显边界。层云是离地面最低的云层，有时以薄雾形态飘在地面上，可能伴有毛毛细雨或者雪。如果上面没有其他云层，透过层云能够影影绰绰看见太阳或者月亮轮廓。

积雨云

云层高度可达10千米，会带来狂风暴雨，典型特征是云层顶部铁砧状，因为这个高度气流湍急。

高积云

云层高度在2,000—7,000米，经常出现在冷、暖气团交锋前沿，如果有低云层遮挡，我们可能看不见它们。高积云通常不会带来雨，但却有可能是天气发生变化的先兆。

积云

积云英文名字是Cumulus，拉丁语意思是"堆"，这类云有明显边界，样子就像底部平展的棉花堆。空中高度2,000米以下，通常伴随晴朗天气，有时也可能会产生短暂的强烈阵雨。

层积云

属于低云族，一般位于2,000米以下，由弱空气对流形成。当云层位于卷积云和高积云下面时可以看得见，通常不会带来降雨，但可能是天气变坏的前兆。

雨层云

发生在0—2,000米高度范围，正如名字一样这类云层都会或多或少带来一些持续降雨（雨层云英文名字Nimbostratus，其中nimbus=雨）。云层边缘杂乱没有规则形状，通常那些压在山头低低的云层就是雨层云。

秋

生活在海边的昆虫

英国滨海地区生活着大量昆虫，有甲虫、蟋蟀和蝇子，也有蛾子和蝴蝶。

大头肉步甲 （*Broscus cephalotes*）

一种夜行性步甲类昆虫，一对暗黑色鞘翅。生活在长满草的沙丘地带，那里可以寻觅到各种各样的食物。它们攻击所有路过的猎物，包括蚂蚁和潮虫。幼虫生活在地下洞穴里，越冬后发育，春天变成成虫钻出洞穴，成虫不能越冬。

海滨流浪甲 （*Nebria complanata*）

这种甲虫比较少见，属于夜行性昆虫，生活在岸边碎物底下，捕食沙跳虾和其他无脊椎动物。

海衣鱼 （*Petrobius maritimus*）

也叫作海岸衣鱼，这种昆虫很常见，夜间出来活动，白天藏匿在阴暗处，爬行速度非常快，食物包括苔藓和多种微生物。

海草蝇 （*Coelopa frigida*）

也叫作海藻蝇。很多蝇类与海草蝇很像，它们没有一个统一名字，在海边腐烂海藻上常年都能看得到，尤其秋天最多。有时可以看见成堆的刚孵化出来的幼虫，变成成虫后迁往内陆地区，常会给人们生活带来困扰。

单居蜜蜂 （*Andrena fulva*）

这是一种春季很常见的独居蜂，沙地上挖掘洞穴，出口四周搭建一个中空的小土堆。通常在4—6月份，可以看到它们飞来飞去忙碌的身影。幼虫在地下生长发育，以蛹的形态越冬。

多沙泥蜂 （*Ammophila sabulosa*）

多沙泥蜂体色鲜艳，以毛毛虫为食。通过蜇刺把毛毛虫麻痹后，拖拽到在沙地上挖掘的洞穴旁，从洞口塞进洞里，在上面产下一枚卵，然后把洞口封住，有时还会用碎石残物把洞口掩藏起来。雌蜂还可能挖掘几个不同的洞穴，每个洞穴放一条或者多条毛毛虫。

手工——剔鱼骨

英文剔鱼骨（fillet）来源于法语"filet"，意思是切鱼片，而这正是鱼骨剔完后你见到的东西——两片没有骨头的鱼片。

将鱼放在案板上，剪掉头两侧的鳍。

用一把锋利的刀具，从鱼的尾孔开始向头的方向把鱼肚子豁开，摘除里面的内脏，然后用冷水冲洗干净。

摘除鱼头和鱼鳃。

将鱼尾朝向自己，刀沿着鱼脊骨一直切下去，在鱼肉和鱼脊骨之间慢慢推进，而且要始终保持刀做切的动作，而不能是拉锯动作。在切的过程中，把切过去的鱼片提起来，这样可以保证刀继续往前走。

走刀过程中，如果碰到了鱼刺，偏一下刀刃从上面切过去，一直到把整个鱼片切下来。

鱼的另一侧也做同样处理——需要提醒的是，相对来说这一侧可能不太好切。

五种比目鱼

　　在发育初期，比目鱼体形和其他常见鱼几乎一样，但是随着生长头部形状逐渐发生变化，其结果是两只眼睛都长到了身体朝上的一侧。比目鱼有些种类两只眼睛都位于身体右侧，而另一些种类通常位于左侧。参见鳎和小头油鲽（第102—103页）。

　　图示从里到外的顺序：

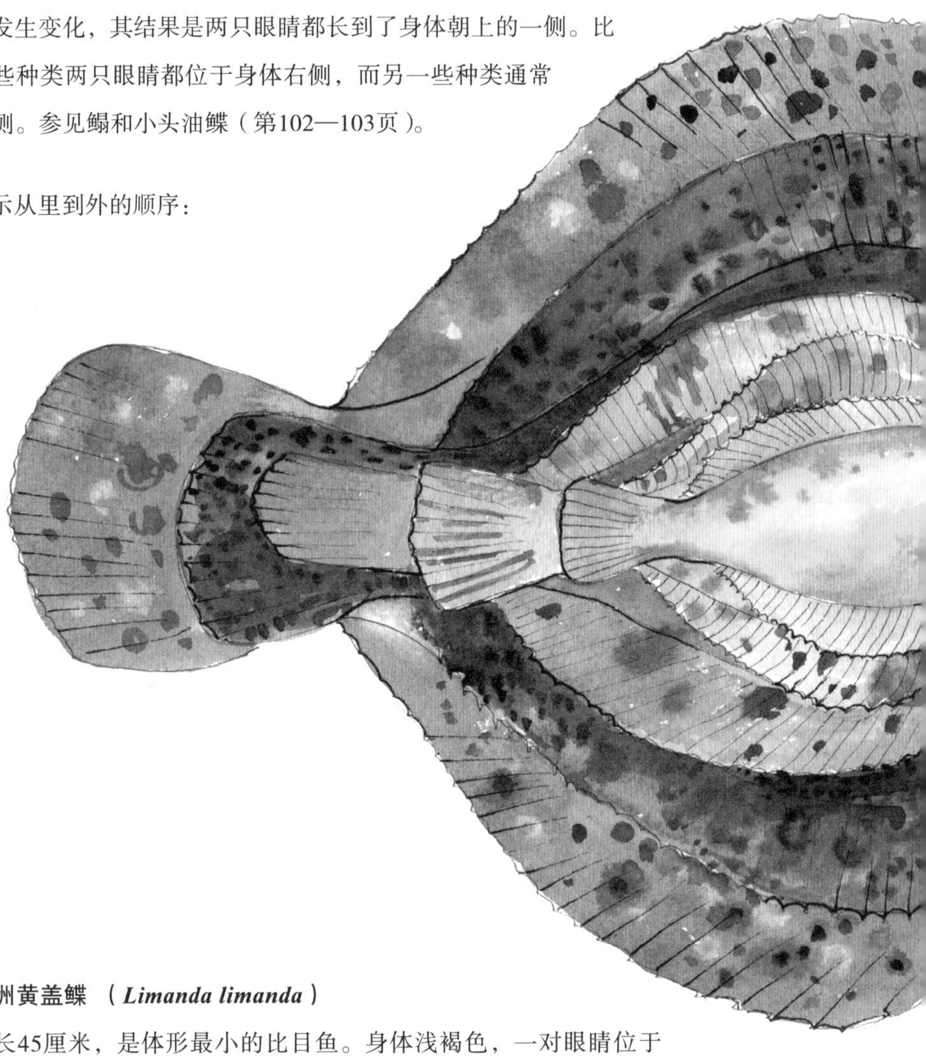

欧洲黄盖鲽（*Limanda limanda*）

　　体长45厘米，是体形最小的比目鱼。身体浅褐色，一对眼睛位于身体右侧，鱼背部摸起来很粗糙。食物包括海生蠕虫、其他鱼类、蛇星、小型海胆、甲壳动物和软体动物。到了春天只要海水温度升高，它们就立即进入繁殖期。雌性欧洲黄盖鲽产卵大约100,000枚，卵漂到海面，大约一周后孵化。

欧洲川鲽 （*Platichthys flesus*）

这类比目鱼身体大部分呈中棕色，体长47厘米。因为偶尔会与欧洲鲽杂交，所以身上可能有红色斑点。眼睛位于身体右侧。猎食对象包括蛤类、沙跳虾、小虾、海生蠕虫和软体动物。春季成年川鲽游往更深处的海域。雌鱼一次可产卵100—200万枚，孵化时间大约需要两周。

欧洲鲽 （*Pleuronectes platessa*）

体长达28厘米，身体有亮橙色或者红色斑点，能够改变背部颜色来伪装自己。双眼在身体右侧。猎食对象有竹蛏、蛤类、玉筋鱼、蛇星和海生蠕虫。在1—3月份成年欧洲鲽进入产卵期，有自己专门的产卵地点。雌鱼一次产卵大约50,000枚，卵漂浮在水表面，2—3周孵化成仔鱼。

菱鲆 （*Scophthalmus rhombus*）

体长达90厘米，体表绿棕色带有斑点和斑块。双眼位于身体左侧。猎食对象主要是一些小型鱼类，比如玉筋鱼（面条鱼），还有个头较大的甲壳动物。在春季和夏季进入繁殖期，繁殖地点选择在浅水海域。

大菱鲆 （*Scophthalmus maximus*）

大菱鲆是体形最大的比目鱼，最大体长达120厘米。体色多变，能够与周围环境达到一致，体表有斑点和斑块，眼睛位于身体左侧。猎食对象包括小型鱼类，比如玉筋鱼、鲱鱼，甲壳动物和软体动物。繁殖期在春季和夏季，雌鱼产卵数量高达1,500万枚。

秋

127

美食——烤鲭鱼

烤鲭鱼是我的小孙子最爱吃的一道菜。这道菜备料用量不需要特别准确——因为这是一道做法粗放的菜肴。大致用量标准是：一个成年人需要一条鲭鱼（2片剔骨鱼片）、一个大个儿土豆和两根香葱；小孩儿用量减半。

制作量：2大人加2小孩儿
3条鲭鱼，去骨切成片（6片）
3个大个儿土豆，切丁儿（根据个人要求去皮或者带皮都可以）
2片月桂叶
6根香葱，切段
一匙橄榄油
香芹末，作为装饰菜

230℃预热烤箱。

将土豆丁儿、月桂叶和香葱放到一个耐热的大烤盘里。
表面撒上橄榄油，搅拌均匀。
将烤盘放进烤箱烘焙40分钟，土豆丁儿内部变软而顶部变酥脆。
再将鲭鱼片带皮的一面朝上放在土豆块上，烤盘放入烤箱继续烘烤10分钟。
从烤箱中取出烤盘，用餐刀或者叉子把鱼皮撕下来。
鱼肉片在土豆丁儿上摊开，上面撒上一点香芹末。
这道菜可以搭配一些绿色蔬菜食用，比如西兰花，也可以只是当作沙拉吃。

欧非囊根藻和掌状海带

欧非囊根藻（*Saccorhiza polyschides*）

欧非囊根藻长度达4米，叶柄边缘像木耳一样层叠褶皱，叶柄末端的固定器疙疙瘩瘩，像一个奇特的瘤状体，有人叫作宅裙带菜。欧非囊根藻有时自己会漂到滨线附近，是一种常见的海藻。

掌状海带（*Laminaria digitata*）

掌状海带与欧非囊根藻非常相似，长度3—4米。不同之处：掌状海带叶柄表面光滑，韧性大，末端分裂成小细条，形成根状的固定器。掌状海带也是一种常见的海藻。

秋

白秋沙鸭，黑海番鸭，还是鹊鸭？

白秋沙鸭

　　白秋沙鸭（*Mergus albellus*）体形矮小敦实，是一种潜水鸭。主要猎捕鱼类、昆虫以及昆虫幼虫。雄鸭（如图所示）全身大部分是白色，眼睛周围有一个黑色眼圈，背部有一带状黑条。雌鸭羽毛主要是灰色，头顶红棕色，面颊白色。白秋沙鸭在英国属于冬候鸟，从俄罗斯和北欧斯堪的纳维亚半岛地区迁徙过来。

黑海番鸭（*Melanitta nigra*）是一种潜水鸭，食物主要是软体动物。雄鸭浑身黑色，雌鸭（如图所示）稍稍有点浅棕色。它们经常组成阵容庞大的群体出海猎食。只有少数在苏格兰地区繁殖后代，而大多数黑海番鸭只是到英国越冬，10月飞过来，来年3月离开。

黑海番鸭

鹊鸭（*Bucephala clangula*）是中等体形的潜水鸭，食物主要是贻贝、昆虫幼虫、小型鱼类和植物。雄鸭（如图所示）体色以黑白为主，头部呈绿色；雌鸭身体颜色灰色、褐色混杂，雌、雄鸭眼睛都是金黄色。鹊鸭的繁殖地点选择在苏格兰，而到此越冬的鹊鸭8月飞过来，来年2月飞走。

鹊鸭

秋

美食——黑线鳕鱼咸鱼干

咸鱼腌制方法借鉴的是斯堪的纳维亚人腌制大马哈鱼的方法，其实各种鱼都可以这样腌制，这里选择了黑线鳕鱼，因为黑线鳕鱼咸鱼干和粉色甜根酱特别搭配。

制作量：4—6人份

腌制咸鱼用料（数量不需要特别精确）：
2片黑线鳕鱼去骨鱼片
5汤匙粗海盐
3汤匙红糖
5汤匙干的莳萝草粉
一些细细研磨的黑胡椒粉

制作甜根酱用料：
2个醋煮过的甜根菜
2汤匙（冒尖）法式鲜奶油
2茶匙法式第戎芥末酱
2茶匙辣根酱
柠檬原汁，用量根据个人口味

把腌制咸鱼所用的干调料全部混合在一起，将一片鱼肉平铺在盘子里，上面撒一层混合调料，然后把另一片鱼肉重叠放在上面，盖上保鲜膜，上面压一个重物，尽量找一个最重的物体，然后将盘子放到一个凉快的地方或者冰箱里。

12个小时后，把两片鱼肉上下翻转一下，一共需要翻转两回，可能会压出好多水——可以清理掉。
至此咸鱼就算腌制好了，放在冰箱里可以保存一周左右。
吃的时候，把沾在咸鱼上面的调料全部刮掉，然后切成特别薄的小片。放在餐桌上，看上去非常像烟熏大马哈鱼。

调制甜根酱。
把甜根菜大致切一下，然后将所需调料搅拌在一起，品尝一下味道，如果想口味更加纯正，可以在里面滴上稍许柠檬原汁，也可以上桌之前在盘子里放小半个柠檬果。

四种海葵

海葵身体坚韧，圆柱形，顶端有口，口盘处长满触手。触手即可以防御敌人，也用来捕捉猎物。多数类型的海葵通过身体底部吸盘把自己固定在一个基质上。

等指海葵 （*Actinia equina*）

一种常见海葵。当被海水冲过了潮汐线，它们把触手缩进一个胶状囊泡里。多数等指海葵身体经常呈红色，有时是褐色、绿色或者橙色。等指海葵底座直径大约5厘米。

沟迎风海葵 （*Anemonia viridis*）

喜欢生活在落潮线以下的海域，触手不能完全收缩起来，可以在海面上看见它们随波逐流。身体一般呈绿色，上端粉色，但是有时候也会是其他颜色。底座直径7厘米，触手伸展长度达18厘米。

寄生美丽海葵 （*Calliactis parasitica*）

这种海葵有点特别，总是喜欢吸附在寄居蟹的海螺壳上。有多条米黄色触手，底座直径大约10厘米。

猫枭海葵 （*Urticina felina*）

英文名字Dahlia Anemone(意思是大丽花)，其名字表达了它好看的样貌。猫枭海葵有多种颜色，最常见的是红色。通常生活在落潮线以下，有时它们也会出现在潮间带的岩池中。

秋

水獭

- 水獭 (*Lutra lutra*) 属于鼬科,同科动物还包括獾、黄鼬(黄鼠狼)、白鼬和松貂。
- 水边生活,不论沿海的咸水地区还是河流湖泊淡水地区都是它们喜欢的居住场所。
- 小耳朵,圆眼睛,扁平脑袋。
- 潜水时耳朵和鼻孔闭合,脚上有蹼,是强健的游泳能手。
- 天生胆小,在陆地上行走时候,步履蹒跚,但遇到敌人总能机敏地躲避。
- 在水里贴着水面游行,在潜入水下之前只露出脑袋和背部,整条尾巴一直露在外面,画着圈摇摆着,渐渐随着身体完全没入水中。
- 主要食物是鱼类,尤其是鳗鱼和甲壳动物。作为一种肉食性动物,它们基本是逮到什么吃什么,包括鸟类和一些小型哺乳动物。
- 水獭游泳技术非常娴熟,在水下它们通过降低心跳速率来减少耗氧量。
- 长长的腮须非常敏感,随时能察觉到游向自己的鱼。

- 雄性水獭（称公獭）和雌性水獭（称母獭）两岁以后达到生育年龄。虽然没有特定的繁殖季节，但是多数还是选择在春季产崽。
- 在水中交配，一窝1—2只幼崽。幼崽生活在隐蔽的洞穴里——称作"林丘"。
- 除了人类，它们没有其他天敌。但是由于栖息地不断消失，水獭现在的数量比原来少了很多。

秋

红嘴山鸦

红嘴山鸦（*Pyrrhocorax pyrrhocorax*）　在鸦科中算是漂亮的，红色的嘴和腿叫人很容易辨认。在英国，红嘴山鸦有时也被称作康沃尔红嘴山鸦，因为康沃尔流传着一个传说：亚瑟王死后转世成了一只红嘴山鸦，而它红色的脚和嘴正代表了他死于非命的惨烈。诗人罗伯特·史蒂芬·霍克的18首诗中，有一首写于1846年，名叫《毁灭》，诗中写道：

> 那些鸟精灵，黝黑的翅膀，
>
> 嘴和爪子用鲜血染成了红色，
>
> 永垂不朽的亚瑟王，
>
> 在卡姆兰那场浩劫中，
>
> 你那百折不挠的精神，
>
> 已经传递给了这些精灵们！

由此可见，红嘴山鸦在康沃尔人心目中占有重要位置，它们的形象被印在了郡县的纹章上。20世纪初期英国红嘴山鸦曾一度灭绝，直到2001年才在康沃尔地区再次发现它们的身影。至今也只是在不列颠和北爱尔兰西海岸发现了数量不多的红嘴山鸦。

岩石峭壁上的平台是红嘴山鸦最喜欢的筑巢场所，有时它们也会在建筑物上用小树枝、树根和苔藓搭建出一个乱糟糟的巢穴。红嘴山鸦只在繁殖季节是一雌一雄生活在一起，其他时间都是群居，一大群栖息在一起，数量多达30只以上。

美食——沙棘果酱

沙棘是一种非常漂亮的矮生灌木，叶片灰绿色，果实为鲜橙色浆果。用沙棘果可以熬制味道独特色彩诱人的果酱，可以代替红醋栗果酱食用。如果沙棘果酱里加入一些苹果或者沙果，味道会更加鲜美（也会节省一些采摘沙棘果的时间）。

制作量：8—10罐（250克/罐）

1.5公斤沙棘果

4个苹果或者8个沙果，粗略地切成块

500毫升水

果胶粉：用量标准每100毫升果汁加入100克果胶粉

沙棘果冲洗干净，在一个厚平底锅中倒入水，把沙棘果和苹果直接放入水中。

点火煮沸，然后把火关小，文火炖30分钟，用木勺或者土豆泥搅拌器把煮熟的水果捣碎。

把捣碎的水果糊糊倒进过滤袋里，过滤袋是由几层细纹布缝制而成，将滤出的果汁流到一个碗里（注意不要用手挤压过滤袋，否则会使制作的果酱混浊不清）。

第二天早晨，测量一下滤出的果汁容量，然后加入果胶粉。

标准是每100毫升果汁加入100克果胶粉。具体方法是：先把果汁倒入平底锅中，完全加热后放入果胶粉，同时不停搅拌直到果胶粉完全溶解，随后煮沸，并继续熬15分钟左右。检测果酱是否熬制好的方法：预先把一个盘子放在冰箱里冷藏，用勺取一点果酱放在盘子上，一两秒后用手指尖戳一下，如果表面起了一层发皱的厚皮，就表示果酱熬制好了，否则需要再继续熬5分钟，然后再次检验一下。

撇去凝结的表层，用勺子把果酱装入高温消毒的罐子里，一般罐子放在烤箱里加热5分钟以上才能达到消毒效果。

罐子密封，贴上标签。

石鹨，还是草地鹨？

石鹨
(Anthus petrosus)

石鹨体长16厘米，翅展25厘米。尾部羽毛呈灰色，这是它和其他所有鹨属鸟类不同之处。石鹨腿部颜色发暗，相对于草地鹨，石鹨身体颜色较深，体形偏大。它们在开阔草地或者沙丘地带生活和繁殖，在潮汐线附近觅食，食物主要是海虾和软体动物，巢穴在峭壁或者海岸比较隐蔽的地方，用植物茎秆搭建成杯状，里面垫有一层细致的纤维或者毛发。雌鸟通常产卵4—6枚，卵壳灰白色，上面有大量褐色和浅灰色斑点。孵化期需要14—15天。

草地鹨体长14厘米，翅展24厘米。比石鹨体形小，颜色浅。尾部外侧羽毛白色，腿部浅粉色，喙灰白色。生活在岩石海岸，但是冬天也经常出现在沼泽和河口地带。主要捕食昆虫，冬季采食种子，它们几乎始终在地面上活动。在地面上使用干草和苔藓搭建成巨大的杯状巢穴，里面有精细的垫层。雌鸟产卵4—5枚（有时会多达7枚），卵的颜色差异很大。

草地鹨

(Anthus pratensis)

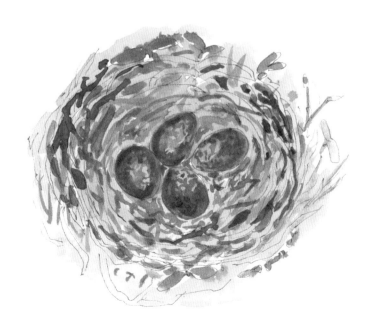

秋

139

手工——玩具海马

所需材料：

1根扫帚杆

1条30厘米×2厘米的胶版纸片

厚纸板

一大块绿色毛毡

一小块浅绿色毛毡

2个大纽扣

填充物（比如旧袜子，旧内衣，虫子咬坏的毛衣）

电钻，带有2厘米的钻头

针线

用电钻在扫帚杆距离顶部30厘米处钻一个孔，把胶版纸片插入孔里。

在厚纸板上裁出一个海马头部模型，模型大小根据自己的设想尽量做得大一些。

（我制作的海马头像尺寸：鼻子尖到脑袋后沿宽度是30厘米。）

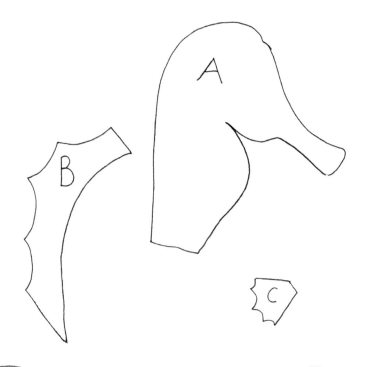

用模型做标尺，在绿色毛毡上裁出两块图示A部分，在浅绿色毛毡上裁出一块图示B部分和两块图示C部分。把纽扣缝在毛毡A的眼睛位置，头的两面各缝一枚（如果找不到合适的纽扣，也可以用浅绿色毛毡剪成两个小圆片来代替）。

裁好的两片浅绿毛毡C分别缝在A上靠近眼睛的位置。

浅绿色毛毡B是马鬃，插在两片A后侧边缘中间缝隙里，并缝合在一起。

用锁边绣针法（如果你喜欢也可以用锁边机）沿着海马头部从前到后进行锁边（如果不喜欢针脚露在外面，可以把毛毡从里面翻出来锁边，但是注意不要把毛毡翻坏了，我喜欢锁边针脚露在外面），锁边过程中用填充物把鼻子

填起来，位置摆正。

脖子不要封死留出开口部位。锁边完成后，把扫帚杆从脖子开口处插进去，四周塞上填充物，把杆子摆正在中间位置，然后把脖子开口缝死。

冬

红嘴鸥（黑头鸥）

冬季

夏季

幼雏

第一年冬天

红嘴鸥（*Chroicocephalus ridibundus*）

  繁殖季节红嘴鸥很容易辨认，头部羽毛深棕色近乎黑色，非常显眼；另一个明显特征是腿和嘴都是红色，海鸥中只有红嘴鸥和**小鸥**(*Hydrocoloeus minutus*)有这个特征。到了冬季，头部颜色变为白色，身上只有零星几处深色斑点。红嘴鸥是一种常见的群居海鸥，在海边尤其是冬天，经常可以看见它们成群结队地从岸边飞走。

海笋

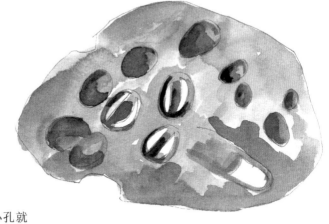

你留意过一些海里岩石或者流木块上的小孔吗？探究过其中的原因吗？这些小孔就是**海笋**（*Pholas dactylus*）的杰作，海笋属于双壳纲，壳的前端有牙齿一样的突起，这些齿突就是它们在岩石上凿洞的工具。海笋生活在凿出的洞里，从里面伸出两条水管，一条用来过滤水中的食物，另一条用来排泄体内的废物。

因为身体不断长大（身体长度可以长到12厘米），所以海笋凿洞也会坚持不懈，洞穴被不断扩大。虽然海笋分布比较普遍，但是在海滩上却很少能看见这种甲壳类动物，因为它们的壳非常脆，很容易破碎。

跟同属其他种类一样，海笋带有磷光，在洞里会发出一种绿光。设想一下，如果把一只海笋放嘴里嚼碎，不吞咽而是含在嘴里，吹气的时候，就应该会喷出一缕光线——遗憾的是，我从来没有机会检验一下这到底是不是真的！

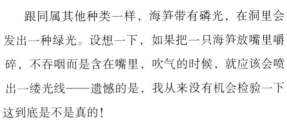

冬

145

挪威海螯虾

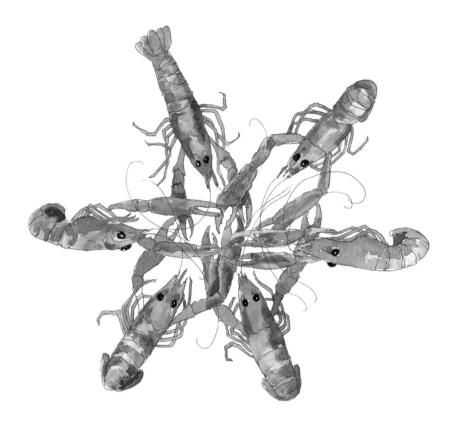

- **挪威海螯虾** （*Nephrops norvegicus*） 也称作都柏林湾匙指虾或挪威龙虾。

- 身体淡红色，和欧洲螯龙虾（参见第114页）具有亲缘关系。

- 生活在海底洞穴里，洞穴地址一定是要在浑浊的泥沙地带。

- 雌虾寿命达20年之久，孵化3年后发育成熟。

- 秋季产卵，卵黏附在虾尾部达9个月时间（这段时期的虾称作带卵虾），带卵期间会一直生活在洞穴中，因而可以逃避人类拖网的捕捞。

- 卵在春季孵化，之后雌虾爬出洞穴完成蜕皮和交配。

- 海洋捕捞方式主要是渔船拖拽网板拖网打捞，或者用放了诱饵的捕虾罐和捕虾笼来诱捕。

美食——熏腌鱼和脆皮面包

这道菜在20世纪70年代十分流行，当时的食物都很简单，人们也特别节俭。那时候能买到用蒸煮袋煮熟的腌鱼片，其实如果把腌鱼片适当烟熏一下，味道会好很多。下面介绍一下如何用腌鱼片来做一道可供四个人吃的头盘菜（开胃菜）。如果你喜欢可以用法式鲜奶油代替全脂奶酪，还可以放点辣椒酱——给熏鱼增加点辣味。

制作量：4人份
1条大的腌鱼
1个柠檬，挤原汁
75克全脂奶酪
1茶匙辣根酱
一点塔巴斯科辣酱油或者其他辣酱油
一把香芹，剁成末儿
少许豆蔻粉
黑胡椒粉或者3粒黑胡椒

腌鱼片放在碗里，倒入沸水浸泡10分钟左右。

仔细地把鱼肉从鱼骨上全部剔下来，最后只剩下鱼皮和鱼骨。

剔下的鱼肉连同柠檬汁、奶酪、辣根酱、塔巴斯科辣酱油、香芹末儿、豆蔻粉和黑胡椒一起放进果汁机里，按点动按钮搅拌成细腻均匀的黏稠糊糊，熏腌鱼就做好了。

搅拌好的糊糊倒进一个大小合适的容器里，放到冰箱冷藏可以储存几天。

烟熏腌鱼可以和硬皮面包一起来吃，但是我觉得搭配仙女面包（或者烘脆面包片）更好些。只要掌握了烘焙时间，制作仙女面包非常简单，烤制好了之后几天内都可以保持干脆，所以可以提前把面包烤好。

制作仙女面包需要较厚一点的面包片。用普通方法把面包片烤好，切掉四周的面包皮，然后用一把宽的薄片餐刀沿着面包片上下两面中间横着切开，抖掉切面上的面包屑，切好的面包片分批摆在烤盘里，放进230℃预热好的烤炉。根据烤炉的具体温度不同，一般3—5分钟面包片就会变酥打成卷。

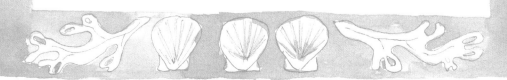

海边飘落的鸟羽

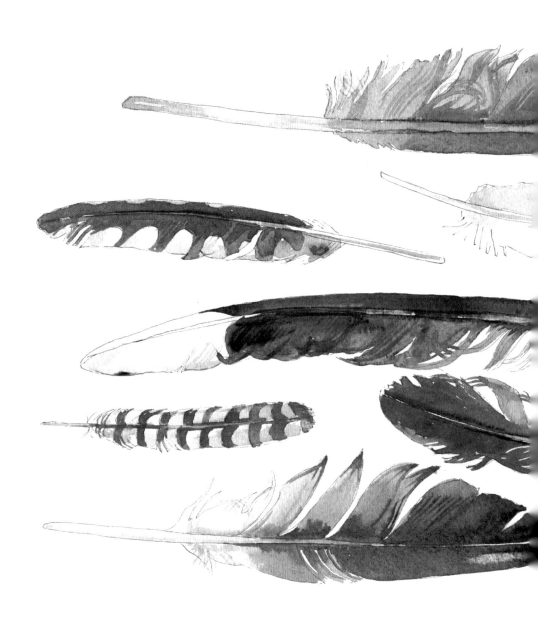

在海边散步，会见到许多羽毛，这些羽毛各式各样，属于不同种类的海鸟。下图是几种海鸥的羽毛，带有横纹的可能是红腹滨鹬或者红脚鹬的羽毛。

冬

149

手工——流木圣诞树

这个手工树不一定非得圣诞节那天使用，其他时间摆出来也挺好看的。到了圣诞节，只要上面加一些传统圣诞小饰品和彩灯就可以了，也可以自己做一些小挂件挂在上面，比如涂成金色或者银色的贝壳。

所需材料：
一截流木或者原木木墩，做底座
一根结实的长木棍，做主干
若干根长度不一的木条
串珠金属丝或者其他柔韧的细金属丝
带有小钻头的电钻

在底座中间位置钻一个稍大的孔，要使主干能插进里面，而且能够在上面牢固地竖立。（在孔里滴点胶水可以确保主干更加牢固。）
把木条按尺寸从长到短分类。
在每根木条中间位置钻个孔。
从主干底部开始，把最长的木条用金属丝捆绑在主干最下面，木条从长到短依次绑在主干上，最后把最短的木条绑在主干最上面。

海边动物遗骨

　　海水能把各种各样新奇玩意儿冲到岸上，在潮间带和涨潮线附近仔细寻找，经常可以发现这些东西，包括各种动物遗骨和类似骨头的东西。推测一下这些骨头属于什么动物，会带来很多乐趣。下面列举一些海边常见的物体：

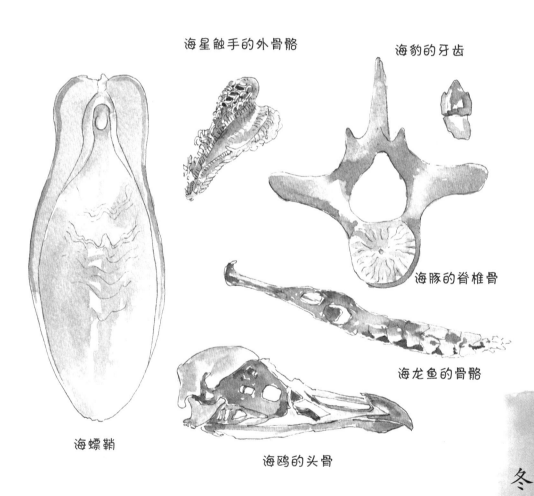

海星触手的外骨骼

海豹的牙齿

海豚的脊椎骨

海龙鱼的骨骼

海螵鞘

海鸥的头骨

冬

常见的滨鸟

　　海滨地带是鸟类非常喜欢的一个生活场所，一些鸟类已经适应了在这片特殊地带的生活，称为涉水鸟。它们的一些身体特征已经完全适应了生活环境，长长的嘴有利于把藏在沼泽或者沙滩洞穴里的猎物叼出来，诸如甲壳动物和蠕虫，还有一双长腿有利于在水里行走。

斑尾塍鹬

黑腹滨鹬

红腹滨鹬

三趾滨鹬

斑尾塍鹬 （*Limosa lapponica*）

冬季才飞来的斑尾塍鹬很像小一号的白腰杓鹬，只是腿短了很多。斑尾塍鹬是一种群居鸟，经常会看见它们和其他涉水鸟一起在岸上觅食。

黑腹滨鹬 （*Calidris alpina*）

属于矶鹬科，经常和其他滨鸟混群一起活动。繁殖地通常选择在内陆高沼地或者海边沼泽地。

红腹滨鹬 （*Calidris canutus*）

红腹滨鹬喜欢沙质或者沼泽海岸，经常可以看见它们成群聚集在一起。体形介于红脚鹬和黑腹滨鹬之间，羽毛栗红色，非常醒目。

三趾滨鹬 （*Calidris alba*）

三趾滨鹬体形很小，常在沙质海岸上活动，喜欢与其他滨鸟混群，经常可以看见它们在岸上跑来跑去寻找食物。在英国它是一种冬候鸟，但是有些不进行繁殖的个体也会留在这里越夏。

翻石鹬 （*Arenaria interpres*）

在英国翻石鹬是一种常见的冬候鸟，到了夏天只有少数个体继续留在这里，但是它们从不在这里进行繁殖。翻石鹬很好辨认：嘴很短，背羽颜色有黑白色块。

翻石鹬

冬

浮游生物

在海洋中浮游生物重量超过其他所有动物重量的总和。

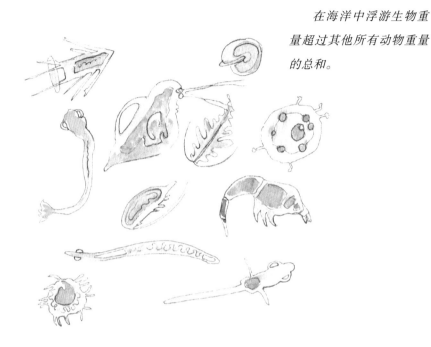

浮游生物是指任何漂浮在海水中的微小生物。它的英文名字Plankton来源于希腊文，意思是流浪者或者漂泊者——浮游生物在海水里也能够上下移动，这主要取决于所在水域洋流和潮汐活动。

浮游生物主要分为三大类：

浮游动物：主要包括无脊椎动物、甲壳动物，以及鱼类的卵和幼体。

浮游植物：指那些微小的单细胞植物，它们能够释放氧气——据估计，地球上80%的氧气来源于海洋中的浮游植物。

浮游细菌：属于处在食物链最低端的浮游生物。

令人称奇的是，英国的多佛白崖就是由浮游生物形成的。崖体的白垩层形成于7000万到1亿年以前，那时候这里还是一片汪洋，海洋里浮游生物的壳体不断堆积形成了白垩层，在海平面下降以后，这个堆积层就露出了海面，呈现出了现在的多佛白崖。

美食——蒜炒扇贝

本书摘录这个菜谱，承蒙盖伊先生和朱丽叶·格里夫斯女士的允许，他们在马尔岛的伦理贝类食品公司工作。盖伊和朱丽叶·格里夫斯说："我们烹饪扇贝，尽量不做过多处理——简单地加上一点黄油、大蒜和柠檬，快速烤一下就行了。扇贝没有任何腥味，所以孩子们都很喜欢吃——这对于烹饪扇贝是一个很好的提醒。"

制作量：4人份，可以作为头盘菜（开胃菜）
8个中等大小、新鲜的扇贝
葵花油
一小块黄油
半瓣大蒜，剁碎
半个柠檬
盐

如果没有预先去壳，首先用一把圆头餐刀把扇贝壳剥掉，里面的肉只留白色的扇贝柱和黄色的生殖腺体，其他都摘掉。
清洗干净。
把厚底锅放在中火上加热，加热过程中，把扇贝肉抹上葵花油。
锅很热了之后（快冒烟了），把扇贝肉平面朝下平铺在锅里，单个摊开。
肉变成乳白色之后，上下翻转一下。
扇贝肉两面都煎好后，加入黄油和蒜末，翻炒到黄油完全化开，然后在上面浇上汤汁。
关火，调味，挤上柠檬汁。
在盘子里铺上一层芝麻菜或者其他绿叶菜，放上扇贝肉，再淋上一点香醋，旁边放一个柠檬角，就可以上桌了。

海草

螺旋墨角藻
(Fucus spiralis)

墨角藻
(Fucus vesiculosus)

齿缘墨角藻
(Fucus serratus)

任何一个岩石海岸上几乎都能发现海草，海草的显著特点是叶片革质，有时候会带有黏性。有些种类叶片上有气囊，在生长过程中可以使叶片朝向光源。海草是分枝的，这意味着生长过程中在分枝的地方就会有两个相同的枝杈。

冬

手工——石板多米诺游戏骨牌

板岩峭壁下面的海岸遍布着碎石板，这些石板边角光滑，大小不一。多米诺游戏中一副骨牌有28块，所以你需要找到28块石板，石板不需要完全一样。

需要材料：
28块石板，每块长度大约6—8厘米
白色丙烯酸漆

用油漆在石板涂上小圆点——有些石板不需要涂点，石板上每一个点数都分成两部分。

下面是骨牌点数（0代表空白）：

$0:0-0:6=7$

$1:1-1:6=6$

$2:2-2:6=5$

$3:3-3:6=4$

$4:4-4:6=3$

$5:5-5:6=2$

$6:6-6:6=1$

$7+6+5+4+3+2+1=28$

姥鲨

姥鲨（*Cetorhinus maximus*）样子虽然像个深海怪物，但实际上它们对人类没有危险，它们采食浮游生物。姥鲨是欧洲体形最大的鱼类，在世界排名第二，世界排名第一的鱼类是**鲸鲨**（*Rhincodon typus*）。成年姥鲨体形大得出奇，长度能达到12米，存活寿命都在50年以上。

20世纪90年代中期以前，由于人们对鱼肉、鱼翅和鱼油脂的需求，导致了姥鲨被过度猎捕几乎灭绝。直到1998年，英国根据《野生动物和乡村法》（1981年）开始对姥鲨进行保护。

姥鲨属于卵胎生鱼类，雌鲨卵子受精后继续留在体内，孵化之后才把幼崽生出来。姥鲨是一种食卵鱼——它们采用了一种很聪明的方法来喂养肚子里的幼崽，就是另外生产一些不受精的卵来充当体内幼崽的食物。

冬

鸬鹚，还是欧鸬鹚

鸬鹚 （*Phalacrocorax carbo*） 和欧鸬鹚 （*Phalacrocorax aristotelis*） 是两种不同的鸟类，但是它们的许多行为却很相似——水中捕完鱼后，它们都会展开双翅，站着晾晒羽毛，之所以这样是因为它们的羽毛都不防水。

鸬鹚羽毛呈暗蓝黑色，面部有一片非常明显的白色斑块，夏季大腿羽毛也呈白色。幼鸟羽毛褐色，腹部白色。

鸬鹚

欧鸬鹚羽毛颜色看起来好像是黑色，但实际是深绿色，头顶有一小的鸟冠。体形比鸬鹚小，而且脖子底下也没有标识性的白色斑块。它的英文名字Shag，含义是纠缠在一起的头发或者羊毛，借指欧鸬鹚头顶那个凌乱的鸟冠。

繁殖季节，两种海鸟都在海边峭壁上群居生活。

欧鸬鹚

冬

美食——煎鳕鱼、炸薯条和鞑靼沙拉酱

非常感谢卡特里娜·麦格雷戈女士，她既是一位美食作家又是一名厨师，著有《工作日晚餐的快捷做法》，这个菜谱正是引自这本书。煎鳕鱼搭配香草味的鞑靼沙拉酱，是对传统食品鱼肉和炸薯条的一个便捷吃法，做法既简单又省时省力：裹上面粉用油轻轻煎一下就可以了。这种做法比传统的油煎鱼排便捷了许多，鳕鱼也没那么油腻了。自己炸些薯条和做一些鞑靼沙拉酱也不是难事，而且你可以吃到一顿现做的饭菜，比提前预备好的要清新爽口得多。

制作量：2人份
2片160克的去骨鳕鱼片（或者其他硬实的白鱼肉片）
4个又大又面的土豆（最理想的是Maris Piper和Desiree。译注：Maris Piper和Desiree
都是土豆品种），削皮切成条状，厚度大约0.5厘米
1汤匙葵花籽油
1颗鸡蛋
50—75克面粉
25克黄油
盐和胡椒粉
柠檬角，直接上桌

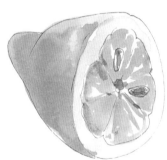

制作鞑靼沙拉酱所需原料：
2个鸡蛋黄
半茶匙第戎芥末酱
250毫升菜籽油
1汤匙天然酸牛奶
柠檬原汁
1汤匙腌制刺山柑，剁碎
1汤匙腌黄瓜，剁碎
一小把剁碎的香芹和小茴香
盐和胡椒粉

210℃预热烤箱。

炸薯条：

大烤盘里倒上葵花籽油，放入盐和胡椒粉，然后放入土豆条在锅底摊开摆成单层。烤盘放到烤箱中央，烘焙30分钟，每10分钟翻动一次薯条。如果感觉盘边上的薯条烤得太过了，可以把烤箱温度稍稍调小一点。

制作鞑靼沙拉酱：

一边烤着薯条，同时制作鞑靼沙拉酱。把蛋黄倒进一个小碗里，加入芥末、少许盐和胡椒粉。一边搅拌一边慢慢倒入菜籽油，直到油和蛋黄完全溶到一起成为稠稠的蛋黄酱，把酸奶和柠檬汁也搅拌到里面，最后放入腌制刺山柑、腌黄瓜、香芹和小茴香。尝一下，如果觉得味淡可以再加些柠檬汁、盐或者胡椒粉。

煎鳕鱼片：

薯条出炉前大约5分钟，开始煎鱼。鸡蛋打进一个浅碗里，然后在一个浅盘子里撒上一层面粉。一次一片，把鱼片正反面都在盘里沾上面粉，提起来抖一下，去掉上面没有粘牢的面粉，接着浸入鸡蛋碗里，提起来把没有挂住的鸡蛋滤掉，然后再放到浅盘里，裹上第二层面粉。

煎锅里放入黄油和几匙葵花籽油，加热，听到嗞嗞响声之后放入鱼片，一直煎到两面变成焦黄色。

鳕鱼片煎好后，就可以和炸薯条、鞑靼沙拉酱、柠檬角一起上桌了。

奇异而美妙绝伦的腹足类

　　海蛞蝓和海兔都属于软体动物，没有保护硬壳，它们保护自己的武器是体表分泌的一种刺激性物质和警戒色，醒目的体色警告那些潜在猎食者，它们的味道很难吃。在水里借助肉质腹足进行移动。

乳突多蓑海牛（*Aeolidia papillosa*）

　　生活在岩质海岸，主要食物是海葵。体长大约12厘米，体表有很多触手一样的结构称作裸鳃，裸鳃前端有个白尖。

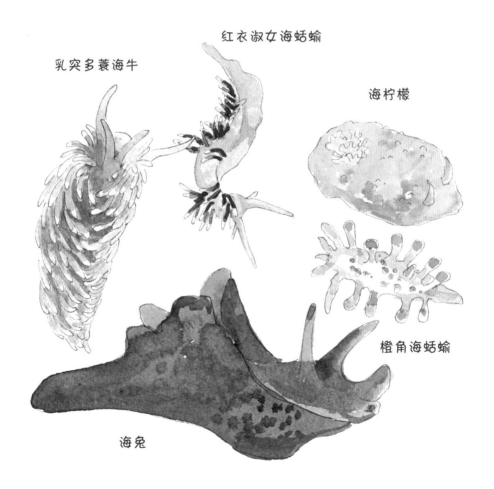

红衣淑女海蛞蝓

乳突多蓑海牛

海柠檬

橙角海蛞蝓

海兔

红衣淑女海蛞蝓 （*Coryphella browni*）

名字听起来就有种美感，是一种裸鳃类腹足动物（裸鳃类动物也称作海蛞蝓），体长 3 厘米。它们能够把吃掉的海葵刺细胞进行再利用，直接转移到自己的红色触手里。

海柠檬 （*Archidoris pseudoargus*）

体长10—12厘米，是一种最常见的海蛞蝓。如果你见过它们，就会明白它们为什么叫这个名字了。海柠檬通常隐藏在落潮位的石块下面，身体尾端有一圈羽毛状的鳃褶。

橙角海蛞蝓 （*Limacia clavigera*）

这种海蛞蝓只能长到15厘米，生活在岩质海岸的落潮位，在潮池里也有可能发现它们。

海兔 （*Aplysia punctata*）

有人发挥了丰富的想象力把这种软体动物称作海兔，也许是因为它们的四个触手靠前的两个像兔子耳朵。海兔体长通常在7厘米左右，也能继续生长得更长。能喷射出一团酸液来防御敌人。身体周围边缘呈翅状，可波浪式扇动，壳蜕化隐藏在体内。虽然海兔配对交配，但其为雌雄同体，交配时前面的一方充当雌性角色，后面一方充当雄性。有时海兔会群体串在一起交配，中间的个体既充当雄性又充当雌性。

绿海天牛 （*Elysia viridis*）

这种可爱的海蛞蝓在绿色海草丛里活动和觅食，在这里它们能很好地藏匿身影。体长几乎不到3.5厘米，体表有细微的蓝色和红色斑点，分布在英国北部和西南部海域。

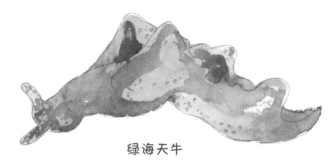

绿海天牛

冬

双壳类动物

竹蛏
(Ensis ensis)

截尾海螂蛤
(Mya truncata)

紫云蛤
(Gari fervensis)

獭蛤
(Lutraria lutraria)

鸡帘蛤
(Chamelea gallinu)

海笋
(Pholas dactylus)

樱蛤
(Angulus tennis)

北极蛤
(Arctica islandica)

波罗的海白樱蛤
(Macoma balthica)

海生蠕虫

鳞沙蚕 （*Aphrodita aculeata*）

鳞沙蚕也叫作海鼠，把鳞沙蚕比作老鼠有点牵强，实际上它是一种蠕虫，在动物分类系统中和蚯蚓属于同一门。全身覆盖着一层灰褐色刚毛，而身体两侧的刚毛呈亮彩色。生活在海水涨潮线以下，通常头部钻在泥沙里。虽然看不见头部，但是身体前端有两个角状触手向前伸出，长度可达20厘米。

俗话说，情人眼里出西施。鳞沙蚕英文名字"Sea Mouse"来自希腊语"爱神"——你可以到海边转转，看看自己能否幸运地在海边找到一只冲上岸的鳞沙蚕。

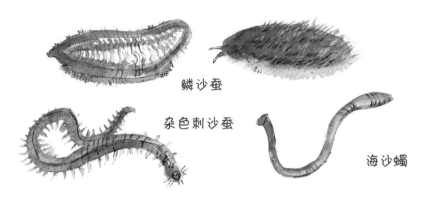

鳞沙蚕

杂色刺沙蚕

海沙蠋

杂色刺沙蚕 （*Hediste diversicolor*）

杂色刺沙蚕被渔民用作鱼饵，它身形扁平，幼虫阶段身体呈微红色，随着生长变为绿色。身体长度12厘米左右，有120个刚节，头部有2条触角、2条触手和4条触须，尾部有2条肛须。属于杂食性，遇到什么吃什么。生活在泥沙洞穴中，有时也会藏在石块底下。

海沙蠋 （*Arenicola marina*）

海沙蠋和沙蚕类似，体形稍小一点，也是渔民经常使用的鱼饵。在海滩上渔民通过它们留在洞口旁的痕迹——浅U形坑洼，找到它们的洞穴，然后把它们从洞里挖出来。它们采食所有漂进洞穴中的有机物微粒，从里面过滤出有营养的物质，然后把不能消化的废物排泄在沙地上。

冬

167

欧洲鲈

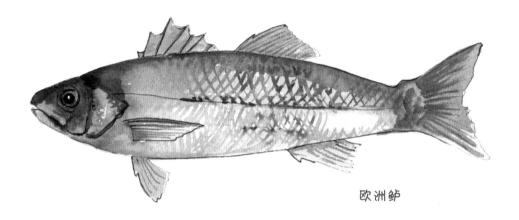

欧洲鲈

欧洲鲈 (*Dicentrarchus labrax*) 是一种流行的垂钓鱼种，经常在海岸边出现，体长达1米以上。2月到4月在深海区产卵，受精卵在海水中随波逐流，孵化成仔鱼后以浮游生物为食。幼鱼好像比较喜欢河口地带，经常成群结队聚集成一个巨大的鱼群。

当雄鱼体长达到35厘米，雌鱼体长达到42厘米时，它们就进入了成熟期，开始加入一年一度的迁徙——从觅食海域迁往繁殖海域。欧洲鲈体重可达9公斤，存活寿命长达30年。食物包括蟹类、小虾和其他鱼类，比如玉筋鱼和鲱鱼。

手工——用海滩上捡到的物品编制花环

所需材料:
金属圈
手工金属丝
海滩上能捡到的任何东西（参考下图）

把在沙滩上捡到的东西积攒起来——破碎的贝壳，螃蟹蜕下来的壳，带孔的鹅卵石，冲上岸的海藻或者羽毛。

多收集一些海藻——什么样的都行——用作花环底衬，最好先把海藻清洗一下，然后晾干。有些海藻颜色一直可以保持艳丽的红色，比如爱尔兰苔藓或者叫作角叉菜。

先把海藻缠绕在金属环上，然后把其他零碎东西用胶粘在上面或者塞在海藻里面，抑或在每个物件上面钻个齐边小孔，然后用金属丝串起来绑在金属环上，但是捆绑的痕迹不要太明显。

针尾鸭，还是长尾鸭？

针尾鸭

　　针尾鸭 （*Anas acuta*） 体态优美，属于大型游水鸭，长长的脖颈，尾羽修长。采食各种植物和无脊椎动物。雄鸭头部微红色，背部布满黑白相间的条纹，颈部白色。雌鸭羽毛颜色艳丽，褐色和米黄色相间。9月开始飞到不列颠群岛越冬，来年3月飞走。

长尾鸭

　　长尾鸭 （*Clangula hyemalis*） 属于小型潜水鸭，尾羽特别长。食物包括贻贝、蚌类、蛤类、螃蟹和小型鱼类。雄鸭羽毛基本是白色，有深色条纹。雌鸭略显褐色，但是飞行时露出白色腹部。长尾鸭是一种常见的冬候鸟，从诺森伯兰郡到苏格兰北部普遍分布。

冬

美食——烤海鲷鱼排

非常感谢托玛西娜·米耶尔女士，得到了她的允许，我才有幸从她的书《墨西哥风格集装箱餐厅：墨西哥口味的家常菜》中引录了这个菜谱。书中介绍说："这道菜做法非常简便，周末的时候你可以用它招待亲朋好友，菜的味道非常鲜美，余香绕口，久久难忘。实际上，在我平时闲暇的时候，这道菜已经成了我的必备佳肴，配上龙舌兰（一种蒸馏酒）的酒香、番茄酱的甜味和辣椒酱淡淡的辣，那简直是各种香味大荟萃了。"托玛西娜强调如果搭配着白水煮的长粒米饭一起食用，会更加美味可口。

制作量：4—6 人

1条或更多的海鲷鱼，总重量1.4公斤，刮鳞去内脏

百里香嫩枝

50克黄油

150毫升干白葡萄酒

150毫升龙舌兰酒或者陈放一年以下的特琪拉酒（一种特殊的龙舌兰酒）

4汤匙特级初榨橄榄油

2颗洋葱，剁碎

4瓣大蒜，切片

2—3片月桂叶

半茶匙多香果粉

马郁兰嫩枝，大致切碎

2汤匙小的腌制刺山柑

50克辣椒酱

2罐400克听装番茄酱

烤箱200℃预热。

海鲷鱼里外冲洗干净，抹干。把一大张锡纸对折叠成双层，铺到烤盘上，准备用来包鱼。鱼放在锡纸上，把鱼里里外外都撒上百里香和其他调料，量要足一点。放少量黄油，倒上干白葡萄酒和50毫升龙舌兰酒，然后用锡纸把鱼包裹起来，边缝要裹紧裹严。烤25—35分钟，或者烤到鱼熟透。

同时把大煎锅在火上加热到中等热度，倒上油，放入洋葱，把火稍微调小，慢炖10分钟，炖到洋葱渗出水分，发软变亮。加入大蒜、月桂叶、多香果粉、马郁兰碎末、腌制刺山柑和辣椒酱，充分入味。继续炖10—15分钟，这时洋葱会变得很甜。加入西红柿，再小火炖10分钟，根据自己口味加少许盐。美味可口的番茄酱就做好了。

鱼烤好后，把渗出的汤汁趁热倒进番茄酱里，搅拌。上桌的时候每个鱼肉块浇上一汤匙番茄酱。

港海豹，还是灰海豹？

港海豹

港海豹（*Phoca vitulina*）

　　港海豹在北大西洋和北太平洋海域都有分布，而且特别常见；实际上，港海豹是分布最广的鳍足类动物（指长有鳍状肢并且用鳍状肢进行移动的哺乳动物）。不列颠群岛周围分布的港海豹数量大约占全世界的5%。雌海豹寿命可长达30年，但是雄海豹却很少有超过20年的。港海豹猎食各种鱼类和甲壳类动物，把猎物撕成碎块，然后囫囵吞下，在口中不做任何咀嚼。

　　经常可以看到港海豹躺在岸边岩石或者沙滩上，伸展四肢放松休息，有时样子就像一个大香蕉。6月至7月，港海豹来到岸上生产，一胎只生一个幼崽，幼崽在出生的时候，已经发育得非常完全，出生后几个小时就能游泳。母海豹奶水非常充足，幼崽出生3—4周体重就能增加一倍。所有海豹每年都会经历一次蜕皮换毛，换毛期间它们会长时间留在岸上生活。

灰海豹 （*Halichoerus grypus*）

灰海豹体形比港海豹大，雌雄个体大小差别显著——雄性灰海豹体长可达2.5米，体重可达350公斤；而雌海豹要小得多，体长只有2米，体重大约200公斤。食物种类和港海豹类似。潜水深度可达200米。全世界大约有一半的灰海豹分布在不列颠群岛周围。

灰海豹

海豹幼崽都是在传统地点出生，这些区域称作海豹繁殖区。初期幼崽身体长有白色绒毛，称为胎毛，胎毛没有防水性，所以它们在刚出生的几个星期必须待在岸上，靠奶水生活。幼崽脱掉胎毛后才会长出防水的成年海豹皮毛。

冬

海鸥

多数成年海鸥身体颜色为灰、白、黑，所以很容易辨认。但是雏鸟在没有完全发育成熟之前，羽毛颜色普遍都会呈现出一些棕褐色，而且这种体色持续时间通常在1—4年不等，不同种类持续时间不同。不过雏鸟经常会跟随成鸟一起活动，即使是那些经验老到的观鸟者，这往往也是辨别海鸥雏鸟的唯一方法。

大黑背鸥

大黑背鸥 （*Larus marinus*） 是体形最大的海鸥，与小黑背鸥外表非常相似，只是羽毛颜色更深、体形更大一些。大黑背鸥和银鸥的雏鸟在各个发育阶段都很容易发生混淆，只有它们完全长大并且长出了繁殖羽之后，才能真正分辨清楚。

小黑背鸥 （*Larus fuscus*） 与大黑背鸥的区别是体形较小，腿部黄色（但是一年中有四分之三的时间腿部黄色会消失）。雏鸟与银鸥雏鸟同样非常相似。属于夏候鸟，繁殖地点选择在海岸或者内陆地区。

小黑背鸥

银鸥（*Larus argentatus*） 个体大小差别很大，小的像普通海鸥，大的如同大黑背鸥。与三趾鸥区别：腿部粉色；与大黑背鸥区别：翕羽颜色更浅（译注：翕羽指鸟类躯干背部和双翅表面的羽毛，又称马鞍背）。银鸥是一种常见海鸥，经常见到它们在电线杆和桅杆上栖息。

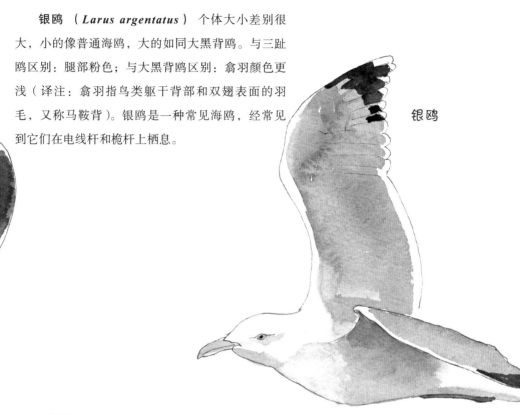

银鸥

三趾鸥

三趾鸥（*Rissa tridactyla*） 是一种体形很小的海鸥，喜欢栖息于海边高耸的悬崖峭壁上，甚至成群在峭壁平台上搭建巢穴作为繁殖地。叫声独特，所以通过鸟鸣声可以很容易辨认出三趾鸥。用泥土、海藻和野草搭建的巢穴比一般海鸥巢穴更加牢固，也许这一点恰好保护了它们的卵不会滚落到峭壁下面。繁殖期结束，它们迁飞到大西洋海面上，在那里度过整个冬季，迁飞途中经常和鲸鱼等一些哺乳动物同行。

冬

手工——海玻璃珠宝首饰

几乎每个海滩都能发现从海里冲上来的海玻璃。所谓海玻璃就是不同颜色的碎玻璃在海沙中经过不断翻滚和打磨，没有了尖锐棱角，光滑圆润，五颜六色。如果制作耳坠，需要找到两颗大小相似的海玻璃——它们不必完全一模一样，但是需要非常搭配。

电钻装上小型玻璃开口器，在海玻璃上钻个小孔，这需要点时间，但操作起来并不是很难。需要准备的工具包括一把电钻，一个小的玻璃开口器，一个水盆，一块木块。水盆用来装水，木块放在水盆里用来垫放海玻璃。在水盆里倒上水，水量要没过放在木块上的海玻璃（水的作用是在钻孔过程中，防止玻璃温度过高），然后就可以钻孔了。钻穿一块普通玻璃，至少需要5分钟时间。钻出来的齐边小孔用来挂耳钩，选一款自己喜欢的耳钩挂到海玻璃的小孔里就可以了。

下面介绍一下不用钻孔制作挂件和耳坠的方法。

所需材料：
玻璃开口器
20号的手工金属丝
海玻璃
圆口和方口老虎钳各一把
剪钳

剪下一截30厘米左右的金属丝。
在金属丝一头用圆口钳子弯一个
小钩。按图1所示，把金属丝缠在
海玻璃上。
图2，金属丝缠到顶端后，绕一个环。
图3，金属丝沿着玻璃往下绕，从前面横绕过去的金属丝底下穿过来。

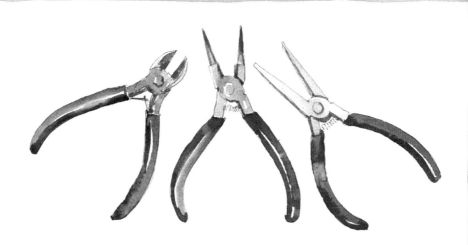

用圆口钳子钳住金属丝前端打个弯，用方口钳子钳住拉紧，使得金属丝牢牢缠绕在海玻璃上。

为了使金属丝两端图案更加美观，下面介绍两种方法：开始的时候可以把金属丝一头绕成一个环，而不是弯成一个钩，其他步骤同上述，见图4；或者把金属丝贴着海玻璃缠好，然后在两端各绕成一个螺旋花，见图5。

最后挂上耳钩。

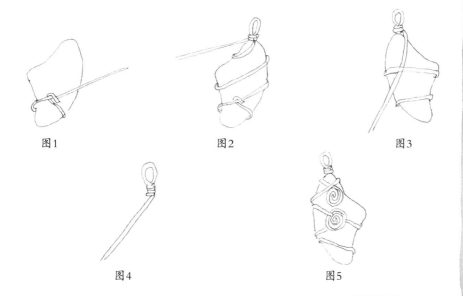

图1　　　　　　　　图2　　　　　　　　图3

图4　　　　　　　　图5

奇异的鸟喙

白腰杓鹬 （*Numenius arquata*） 叫声凄美动听，听过之后往往使人过耳不忘。在各种"褐色"涉水鸟里，它是体形最大的，翅展可达90厘米，独树一帜的长喙向下弯曲，用来在沼泽里搜寻小型甲壳动物。

白腰杓鹬

反嘴鹬

反嘴鹬 （*Recurvirostra avosetta*） 是一种体态最优雅的涉水鸟，喜欢在海边浅水湖和河口地带活动。除了繁殖季节，它们通常都是群居在一起，群体数量在30只左右。觅食的时候，向上弯曲的鸟喙伸进水里左右扫动，也能够从水面或者沼泽里精准地啄起猎物。

令人称奇的长腿鸟

黑翅长脚鹬

苍鹭

黑翅长脚鹬（*Himantopus himantopus*）分布在欧洲的很多地方，但只是偶尔才会飞到英国。它的腿长达23厘米，腿部重量占整个身体的60%。黑翅长脚鹬属于涉水鸟，因为腿长可以比其他涉水鸟走到更深的水域寻找食物。

苍鹭（*Ardea cinerea*）是所有鸟类中腿最长的鸟，它也是英国最大的鸟。属于涉水鸟，蹚到水里猎食鱼类，因为长长的腿和长长的脖子，它们能到更深的水域猎食。

冬

相关网址

www.marlin.ac.uk

　　海洋生物信息网是不列颠群岛海洋环境最全面的信息资源。在这里你还能够以简便的PDF格式下载《海滨守则》。

www.metoffice.gov.uk

　　英国气象局网站提供了英国以及全世界的天气和气候变化预报，包括不列颠群岛周围海域的海洋天气预报和大风警报。

www.nhm.ac.uk

　　伦敦自然历史博物馆网站信息资源庞大，包括植物学、昆虫学、矿物学、古生物学和动物学。访问网站中的蓝色空间（Blue Zone），可以更多了解海洋哺乳动物和无脊椎动物、鱼类、两栖动物，以及爬行动物。

www.theseashore.org.uk

　　这个野外调查协会链接网站帮助你诠释和理解海滨及海滨生物。

www.tidetimes.org.uk

　　这个网站很实用，它发布英国周围许多地点的潮汐预报，点击一下按钮，你就能提前7天详细了解当地海水的高潮位和低潮位。

www.wildlifetrusts.org/living-seas

　　在野生动物信托网站上的"富有生命海域"栏目中有一些很好的有关海洋野生动物和沿海生境的板块，对于我们如何参与保护海洋环境也给出了一些建议。

致谢

书中引述的一些食谱得到了大家许可才得以印刷出版：

《烤鱼配炸丸子和柠檬酱沙拉》由内森奥特洛餐饮有限公司的内森·奥特洛先生提供，公司网址：www.nathan-outlaw.com。

《鳀鱼、白酒、海条藻炒辣面》由杜布罗夫尼克饭店的艾伦·帕尔女士提供，饭店网址：atlantickitchen.co.uk。

《接骨木花和鹿角菜布丁》由《爱尔兰的海藻厨房》一书作者弗兰尼·拉迪甘博士提供，网址：irishseaweedkitchen.ie。

《油炸蟹肉饼》菜谱经由兰登书屋允许，引自《里克·斯坦的海鲜料理》（1996）一书，英国广播公司出版，转载网址：www.rickstein.com。

《蛤蜊意面》由米奇·汤克斯先生提供，引白《鱼：鱼和海鲜人全》（2009），Pavilion Books出版社，网址：www.mitchtonks.co.uk。

《法式乳蛋饼》由英国彭布鲁克郡海滨食品公司的弗兰·巴尼克尔先生提供，网址：www.beachfood.co.uk 。

《泰红咖喱淡菜汤》引自莎拉·雷文女士的著作《献给朋友和家人的美食》（2010），布卢姆斯伯里出版公司，网址：www.sarahraven.com。

《蒜炒扇贝》由伦理贝类食品公司的盖伊先生和朱丽叶·格里夫斯女士提供，公司位于马尔岛，网址：ethicalshellfishcompany.co.uk。

《煎鳕鱼、炸薯条和鞑靼沙拉酱》由卡特里娜·麦格雷戈女士提供，引自她在电讯报上的专栏文章《工作日晚餐的快捷做法》，网址：www.telegraph.co.uk/journalists/katriona-macgregor。

《烤海鲷鱼排》由托玛西娜·米耶尔女士提供，引自她的书《墨西哥风格集装箱餐厅：墨西哥口味的家常菜》，斯托顿出版公司，网址：www.thomasinamiers.com。

我还要感谢：
巴里·鲍斯威尔，www.britishbirdphotographs.com
英国海洋垂钓网，www.britishseafishing.co.uk
卡罗和提姆，cornishseaweedcompany.co.uk
卡特·戈登，鲨鱼信托组织，www.sharktrust.org
艾玛·冈恩，伊甸园温室工程饲料专家，nevermindtheburdocks.co.uk
菲奥纳·哈利德，www.discoverwildlife.com
盖伊·贝壳，海洋生物学协会，www.mba.ac.uk
伊恩·金伯，www.ukmoths.org.uk
杰西卡·温德尔，杰西卡的大自然博客，natureinfocus.wordpress.com
马克·泰勒，www.warrenphotographic.co.uk
莫莉·马洪，木刻板印刷，www.mollymahon.com
彼得·伊尔斯，butterfly-conservation.org
罗斯玛丽·希尔，大不列颠和爱尔兰贝壳学学会，www.conchsoc.org
莎拉朗里格，英国贝壳，www.fredandsarah.plus.com
苏·戴莉，有关海兔、海蛞蝓和扁形动物的照片。
最后，感谢所有一直给予我帮助的朋友和家人，尤其感谢海伦·罗迪。

索引

图书在版编目（CIP）数据

　　海滨自然笔记：在海边发现季节的更迭 /（英）赛莉亚·刘易斯著；杨红珍译. — 北京：商务印书馆，2017
　　ISBN 978-7-100-15278-5

　　Ⅰ.①海⋯　Ⅱ.①赛⋯ ②杨⋯　Ⅲ.①生物—少儿读物　Ⅳ.①Q-49

　　中国版本图书馆CIP数据核字（2017）第221622号

海滨自然笔记

在海边发现季节的更迭

〔英〕赛莉亚·刘易斯　著

杨红珍　译

商 务 印 书 馆 出 版
（北京王府井大街 36 号　邮政编码 100710）
商 务 印 书 馆 发 行
北京新华印刷有限公司印刷
ISBN 978-7-100-15278-5

2017 年 10 月第 1 版　　　开本 787×1092　1/16
2017 年 10 月北京第 1 次印刷　　印张 12½

定价：58.00 元